番禺
古建壁画

广州市番禺区文物管理委员会办公室　编

华南理工大学出版社
SOUTH CHINA UNIVERSITY OF TECHNOLOGY PRESS
·广州·

图书在版编目（CIP）数据

番禺古建壁画 / 广州市番禺区文物管理委员会办公室编.
—广州：华南理工大学出版社，2016.4
ISBN 978-7-5623-4897-9

Ⅰ.①番…　Ⅱ.①广…　Ⅲ.①古建筑–壁画–介绍–广州市　Ⅳ.①TU-851

中国版本图书馆CIP数据核字（2016）第039421号

番禺古建壁画
广州市番禺区文物管理委员会办公室　编

出 版 人：卢家明
出版发行：华南理工大学出版社
（广州五山华南理工大学17号楼，邮编510640）
http://www.scutpress.com.cn　E-mail: scutc13@scut.edu.cn
营销部电话：020-87113487　87111048（传真）
策划编辑：王　磊
责任编辑：江肖莹
印 刷 者：广州星河印刷有限公司
开　　本：635mm × 965mm　1/8　印张：20　字数：103千
版　　次：2016年4月第1版　2016年4月第1次印刷
定　　价：168.00 元

前言

壁画作为一种装饰工艺，广泛存在于我国古代庙堂宫殿、宗祠寺庙和官宦宅邸等传统建筑中。在广府地区，现存的传统壁画多见于宗祠、寺庙以及民居内。番禺地区现存的祠堂和寺庙主要为清代中期至民国初年所建，在这些建筑中，壁画与石雕、木雕、砖雕和灰塑等“三雕一塑”共同构成了系列性的艺术装饰体系。尽管历经岁月变迁，但仍然有大量的壁画保存完好，画面边框完整、色泽鲜艳、款识清晰。这些壁画题材广泛，内容多彩多样，蕴含着丰富的文化内涵。从时间上看，这些壁画多绘于晚清，少数为民国初年的作品。除了祠堂和寺庙，也有一些不同题材的壁画出现在清末民初所建的民居之中。

在宋代文人画兴起以前，我国传统壁画就已经形成了一套自己的形式语言。但从我们采集到的番禺古建壁画中，可以发现其与传统壁画有着明显的差异。首先，这些壁画都有不同形式的边框，在构图和设色上都模仿卷轴画的织锦装裱形式，使得这些画作看上去更像是画在墙上的手卷、幛子。与传统壁画相比，这些作品并不追求勾线细腻或色彩华丽，反而以皴擦点染模仿泼墨效果，虽题材单一但大量出现的“墨龙图”和《教子朝天》就是明证。其次，这些画作多以模仿著名文人的画为时尚，例如青萝峰居士黎子申在石楼镇茭塘西村半峰黄公祠头门上方的画作《五桂联芳》上，就题写有“法唐六如先生笔意以应于粉壁上”，唐六如是明代著名文人画家唐寅的别号。黎蒲生也在一幅《菊花寿石图》上题词“秋日仿南田翁笔意以在于粉壁，蒲生氏”，这里的“南田翁”即清初花鸟画家恽寿平。恽寿平，号南田，与王时敏、王鉴、王翚、王原祁、吴历合称为“清六家”，此处壁画所绘菊花正是仿其没骨画法。对著名文人画的模仿，说明这一时期文人画仍然处于被推崇的地位，这也从一个侧面反映出大众阶层对士人文化情趣的追求。

现存的番禺古建壁画在题材上大致可以分为三类。一类是驱邪志喜的吉庆图像，如象征幸福多子的蝙蝠、石榴、葡萄等。一类是山水花鸟画，如梅、兰、竹、菊、牡丹、芍药、红棉和喜鹊、鸕鹈等。这两类画作主要起装饰作用，多见于建筑的前后堂和左右山墙等处。还有一类是宣扬诗礼传家、功名利禄和仙风道骨等传统文化故事等，这也是祠堂壁画中分布最广的题材。这类题材不仅包括传统文化故事，如《竹林七贤》《伏生传经》《白鹅换经》《携柑斗酒》等，还包括民众喜闻乐见的戏曲故事、民间传说，如《瑶池宴乐》《叱石成羊》《刘伶醉酒》等。有的更加入了当时民间舞台上新出现的戏剧和小说的内容，如《五女拜寿》《风尘三侠》《英雄会》等。

这些壁画的创作者多为民间艺匠，但也不乏画技高超、享有崇高声誉的绘画大师，如杨瑞石、黎蒲生等。杨瑞石的作品有着极高的艺术水准，且数量最多，分布最广。如化龙镇眉山村二田刘公家塾头门门额上方所绘《祝寿图》，题材出自戏曲《五女拜寿》。画面布局详尽，设色艳丽，描绘了杨府中五女庆寿的情景。寿宴上五个女儿分携夫婿前来杨府拜寿。画面场景和人物动态皆借鉴舞台布景，例如杨继康所坐高堂极浅，几乎挨着园子。画面中既有丰富细腻的园林背景，又生动地再现了戏剧人物的性格，将官绅女婿们得意洋洋、富商女婿们阿谀奉承和身后侍从小心翼翼的神情，都描绘得活灵活现，没有半点僵硬死板。作品色调清新，可谓雅俗共赏。更为可贵的是，其他画家往往会将同一幅粉本用在相同或不同题材的作品上，但杨瑞石在创作同一题材时仍会构思新的创作角度，力求不断创新。晚清时期，杨瑞石的画作风靡珠三角地区，一些有实力的祠堂争相请他作画，连著名的广州陈家祠都以请他创作壁画为荣。正因如此，杨瑞石的画作也时常成为当世或后人模仿的对象。

除杨瑞石之外，从壁画的款识上我们发现晚清到民初番禺古建壁画的主要创作者还有黎蒲生、韩炽山、韩翠石、罗倚之、梁雾珊等。他们虽然非名门大家，但在艺术风格上亦各具特色。黎蒲生的作品在数量上仅次于杨瑞石，其画风好仿唐六如先生，人物略有拉长变形，线条凝重深厚，代表作为沙湾镇西村南川何公祠《五桂联芳》。韩翠石擅钉头鼠尾描，线条粗细变化较为强烈，个人风格明显，代表作为石楼镇茭塘东村文武庙山门前廊的《三多吉庆》《白鹅换经》等。韩炽山在人物画上总用同一粉本，略显呆板，但其花鸟作品茂密旺盛，鲜艳浓烈，可谓独树一帜。

从这些画作中，我们还能看到这一时期壁画艺术的一个显著特点，那就是题材上渐趋世俗化。仅以《竹林七贤图》为例，画面并不强调魏晋的时代背景与具体人物，反而添加了清式家具、服饰，使之更像是日常雅集的再现。从中可窥见在商品经济带动下当时的市民生活日趋丰富多彩，或听戏喝茶，或饮酒赋诗，或赏画博古，这说明当时的壁画艺术已开始贴近大众的审美情趣，而不仅仅是“成教化、助人伦”的工具。

毫无疑问，这些古建壁画和不可移动文物一样，是前人留给我们的宝贵的文化遗产。随着时间的推移，壁画所依附的古建筑的自然损毁和人为损毁将日益严重，及时地对这些古建筑和壁画进行有效合理的保护与研究，就显得愈发迫切。采集出版这些古建壁画并加以研究，是我国文化遗产管理工作的重要内容，也是引导和促进公众提高文化遗产保护意识的重要举措。

何穗鸿

2016年3月

目录

花鸟、山水

年代： 不详

作者： 韩兆轩

款识： 右：几度高山云水处，树林深里有人家。偶作。韩兆轩。

中：牡丹原是江南种，留后广东富贵花。青萝峰居士，古溪。韩兆轩画意。

左：远观山有色，近听水无声。仿华岳翁笔法。青萝峰韩兆轩画。

尺寸： 总：4800 mm × 900 mm　中：3000 mm × 900 mm

位置： 新造镇北约村贵达家塾后堂后壁

山水

年代： 不详

作者： 韩兆轩

款识： 远上寒山石径斜，白云深处有人家。偶书。韩兆轩画。

尺寸： 1200 mm × 900 mm

位置： 新造镇北约村贵达家塾头门左山墙

传经图

年代： 光绪二十四年（1898）

作者： 杨瑞石

款识： 昔秦焚书后，汉高祖即位，见□□□□□□□□□□□□□□□□余岁，能□□但不同人之语，□□□孙能辨其音。后大夫朝错受之，□传回□□□。杨瑞石画。

尺寸： 3350 mm × 1120 mm

位置： 化龙镇眉山村眉山苏氏宗祠头门前廊左壁

山水

年代：光绪二十四年（1898）
作者：杨瑞石
款识：□□□里楼，远看□□人家。偶书。杨瑞石画。
尺寸：2400 mm × 1120 mm
位置：化龙镇眉山村眉山苏氏宗祠头门前廊右山墙

山水

年代：光绪二十四年（1898）

作者：杨瑞石

款识：碧波□随千里泻，绿林隐翠半溪烟。偶书。杨瑞石画。

尺寸：2400 mm × 1120 mm

位置：化龙镇眉山村眉山苏氏宗祠头门前廊左山墙

柑酒听黄鹂

年代： 光绪二十四年（1898）

作者： 杨瑞石

款识： 戴颙携柑带酒至于野，遇客即邀饮以为乐耳。光绪岁在戊戌初□之月中浣之日。杨瑞石。

尺寸： 3350 mm × 1120 mm

位置： 化龙镇眉山村眉山苏氏宗祠头门前廊右壁

人物、花鸟

年代：不详
作者：不详
款识：左：洛阳亲友如相问，一片冰心在玉壶。
中：□□□□，□□□□□□□□□□□。
右：寒雨连天夜入吴，平明送客楚山孤。
尺寸：3000 mm × 800 mm
位置：化龙镇眉山村浙明苏公祠头门门额上方

渔樵耕读

年代：不详

作者：杨瑞石

款识：碧□□□千里泻，绿林隐翠半溪烟。偶书，杨瑞石画。

尺寸：800 mm × 900mm

位置：化龙镇眉山村二田刘公家塾头门门额上方

曲水流觞

年代：不详

作者：杨瑞石

款识：此地有崇山峻岭，茂林修竹；又有清流激湍，映带左右，引以流觞曲水。杨瑞石画。

尺寸：800 mm × 900mm

位置：化龙镇眉山村二田刘公家塾头门门额上方

祝寿图

年代：不详
作者：杨瑞石
款识：祝寿图。杨瑞石画。
尺寸：2350 mm × 500mm
位置：化龙镇眉山村二田刘公家塾头门门额上方

七贤图

年代： 光绪三十二年（1906）
作者： 韩炽山
款识： 左：日□人间□□深。
中：七贤图。时于光绪丙午岁夏上浣偶。韩炽山画。
右：记得□桥□□画。
尺寸： 总：3420 mm × 460 mm　中：1950 mm × 460 mm
位置： 化龙镇眉山村镜湖书室头门门额上方

（上）

人物

年代：不详
作者：不详
款识：不详
尺寸：1950 mm × 600 mm
位置：化龙镇眉山村莘汀屈氏大宗祠头门前廊左壁

（下）

人物

年代：不详
作者：不详
款识：不详
尺寸：1950 mm × 600 mm
位置：化龙镇眉山村莘汀屈氏大宗祠头门前廊右壁

花鸟

年代：不详

作者：不详

款识：左：采菊东篱下，悠然见南山。此中有真意，欲辨已忘言。
右：疏影横斜水清浅，暗香浮动月黄昏。

尺寸：1900 mm × 600 mm

位置：化龙镇眉山村莘汀屈氏大宗祠头门后廊右山墙

花鸟

年代：不详
作者：不详
款识：飞入柳荫多去处，数声只恐落花知。
尺寸：1900 mm × 600 mm
位置：化龙镇眉山村莘汀屈氏大宗祠头门后廊右山墙

人物

年代：不详
作者：不详
款识：□□□□□图。
尺寸：800 mm × 400 mm
位置：化龙镇眉山村莘汀屈氏大宗祠中堂前天井右厅前廊

山水

年代：不详

作者：不详

款识：远观山有色，近听水无声。併画。

尺寸：600 mm × 500 mm

位置：化龙镇眉山村莘汀屈氏大宗祠中堂前天井右厅前廊

花鸟

年代：不详

作者：不详

款识：黄金蕊□红玉房。千片赤英霞烂烂，百枝绛□灯煌煌。右录白乐天诗。

尺寸：1950 mm × 600 mm

位置：化龙镇眉山村莘汀屈氏大宗祠头门后廊右壁

三多吉庆

年代： 光绪三十一年（1905）
作者： 韩炽山
款识： 右：远山观有色，近听水无声。
中：三多吉庆。时于光绪乙巳岁仲冬上浣偶。韩炽山画。
左：携琴访友到山林。
尺寸： 总：5000 mm × 1250 mm　中：2750 mm × 1250 mm
位置： 化龙镇眉山村竹溪公祠头门门额上方

花鸟

年代：光绪三十一年（1905）

作者：韩炽山

款识：右：三月残花落更开，小檐日日燕飞来。子规夜半犹啼血，不信东风唤不回。偶书。

左：一自南来归□园，相逢□□□□□。偶书。

尺寸：2800 mm × 1250 mm

位置：化龙镇眉山村竹溪公祠头门前廊右壁山墙

花鸟

年代：光绪三十一年（1905）

作者：韩炽山

款识：右：江南□□种富贵万千□。

左：桃花浪里几千秋，云影风吹水自浮；万里长江飘玉带，一轮明月滚金球。

尺寸：2800 mm × 1250 mm

位置：化龙镇眉山村竹溪公祠头门前廊左壁山墙

赏菊图

年代： 光绪三十一年（1905）

作者： 韩炽山

款识： 赏菊图。时于光绪乙巳岁仲冬下浣偶。韩炽山画。

尺寸： 2900 mm × 1250 mm

位置： 化龙镇眉山村竹溪公祠头门前廊左壁

椏汁沾依

年代： 光绪三十一年（1905）
作者： 韩炽山
款识： 椏汁沾依。时于光绪乙巳岁仲冬下浣偶。韩炽山画。
尺寸： 2900 mm × 1250 mm
位置： 化龙镇眉山村竹溪公祠后堂前廊右壁

携柑送酒

年代： 光绪三十一年（1905）
作者： 韩炽山
款识： 携柑送酒。时于光绪乙巳岁秋下浣偶。韩炽山画。
尺寸： 2100 mm × 900 mm
位置： 化龙镇眉山村竹溪公祠后堂前廊左山墙

知章访友

年代：光绪三十一年（1905）

作者：韩炽山

款识：知章访友。时于光绪乙巳岁秋下浣偶。韩炽山画。

尺寸：2100 mm × 900 mm

位置：化龙镇眉山村竹溪公祠后堂前廊右山墙

（上）

花鸟

年代：光绪三十一年（1905）
作者：韩炽山
款识：莫道花开晚，谁能耐雪寒。偶作。
尺寸：3050 mm × 900 mm
位置：化龙镇眉山村竹溪公祠后堂前廊左壁

（下）

花鸟

年代：光绪三十一年（1905）
作者：韩炽山
款识：江南□种富贵万千年。偶□。
尺寸：3050 mm × 900 mm
位置：化龙镇眉山村竹溪公祠后堂前廊右壁

花鸟

年代： 光绪十八年（1892）
作者： 不详
款识： 时于光绪岁次壬辰夏日。
尺寸： 1500 mm × 480 mm
位置： 化龙镇塘头村村心街恭敬里2号古民居外墙

東坡賞菊
韓熾山

韓熾山

山水

年代：不详
作者：不详
款识：春波乍平新浦绿，晓烟初散远山明。偶画。以诗一哂云尔。
尺寸：3300 mm × 850 mm
位置：石楼镇赤山东村石庄戴公祠头门后廊

（上）

东坡赏荔

年代：光绪三十二年（1906）
作者：韩炽山
款识：东坡赏荔。时于光绪岁次丙午仲冬上浣□，韩炽山画。
尺寸：2520 mm × 900mm
位置：石楼镇赤山东村蓝田戴公祠头门前廊左壁

（下）

赏菊图

年代：光绪三十二年（1906）
作者：韩炽山
款识：赏菊图。时于光绪岁次丙午仲冬上浣偶。韩炽山画。
尺寸：2520 mm × 900mm
位置：石楼镇赤山东村蓝田戴公祠头门后廊后壁

人物

年代： 不详

作者： 杨瑞石

款识： 左：江城如画里，山晓望晴空。两水夹明镜，双桥落彩虹。人烟寒橘柚，秋色老梧桐。谁念北楼上，临风怀谢公。

中：广陵芍药黄腰者号为金带围。应时而生，当出宰相。韩魏公守淮扬，圃内芍药盛开，得金带围。王珪为郡守，遂黄安石为浣中及□太傅。遂开四枝，折花捧赏。后四人皆为首相。併□。杨瑞石画。有鱼店造。

右：空山新雨后，天气晚来秋。明月松间照，清泉石上流。竹喧归浣女，莲动下渔舟。随意春芳歇，王孙自可留。

尺寸： 总：3400 mm × 1000 mm　中：2260 mm × 1000 mm

位置： 石楼镇赤山东村林隐公祠头门门额上方

花鸟

年代：光绪三十年（1904）

作者：不详

款识：日情花晒锦，风静鸟无声。

尺寸：2300 mm × 700 mm

位置：石楼镇官桥村袁氏宗祠后堂左山墙后

花鸟

年代：光绪三十年（1904）
作者：不详
款识：□□生花岁岁新。
尺寸：2300 mm × 700 mm
位置：石楼镇官桥村袁氏宗祠后堂左山墙前

（上）
七贤图

年代：光绪三十年（1904）
作者：韩炽山
款识：七贤图。时于光绪甲辰岁次上浣偶□。韩炽山画。
尺寸：3100 mm × 500 mm
位置：石楼镇官桥村袁氏宗祠后堂后壁右

（下）
人物

年代：光绪三十年（1904）
作者：韩炽山
款识：时于光绪甲辰岁次上浣□。韩炽山画。
尺寸：3100 mm × 500 mm
位置：石楼镇官桥村袁氏宗祠后堂后壁左

（上）
人物

年代： 不详
作者： 杨瑞石
款识： 陶渊明素性爱菊，九月九日静坐于东篱，时郡守王弘知其故，遣白衣人与之。陶得酒，采花赏之，尽饮而归。杨瑞石画。
尺寸： 2650 mm × 750 mm
位置： 石楼镇茭塘东村表海黄公祠头门前廊左壁

（下）
人物

年代： 不详
作者： 杨瑞石
款识： 白居易为江州司马，每日而□□妾相伴，□而不食，□小蛮与樊素娉婷俊丽相爱，当年曾以赋江州，若得歌姬共远游，是以携蛮带素。
尺寸： 2650 mm × 750 mm
位置： 石楼镇茭塘东村表海黄公祠头门前廊右壁

人物、花鸟

年代： 不详
作者： 杨瑞石
款识： 左：红□双对语，□□唤茶□。
中：昔有七贤居于峰林中，以叙□伦之乐事。以博一笑耳。杨瑞石画。
右：□□□□鸟□□，只在花前舞□□。
尺寸： 总：4220 mm × 750 mm　中：2300 mm × 750 mm
位置： 石楼镇茭塘东村表海黄公祠头门门额上方

山水

年代：不详

作者：杨瑞石

款识：左：空山新雨后，天气晚来秋。明月松间照，清泉石上流。偶书。杨瑞石画。

右：江城如画里，山晓望晴空。两水夹明镜，双桥落彩虹。人烟寒橘柚，秋色老梧桐。谁念北楼上，临风怀谢公。偶作。

尺寸：3600 mm × 900 mm

位置：石楼镇茭塘东村表海黄公祠头门前廊右山墙

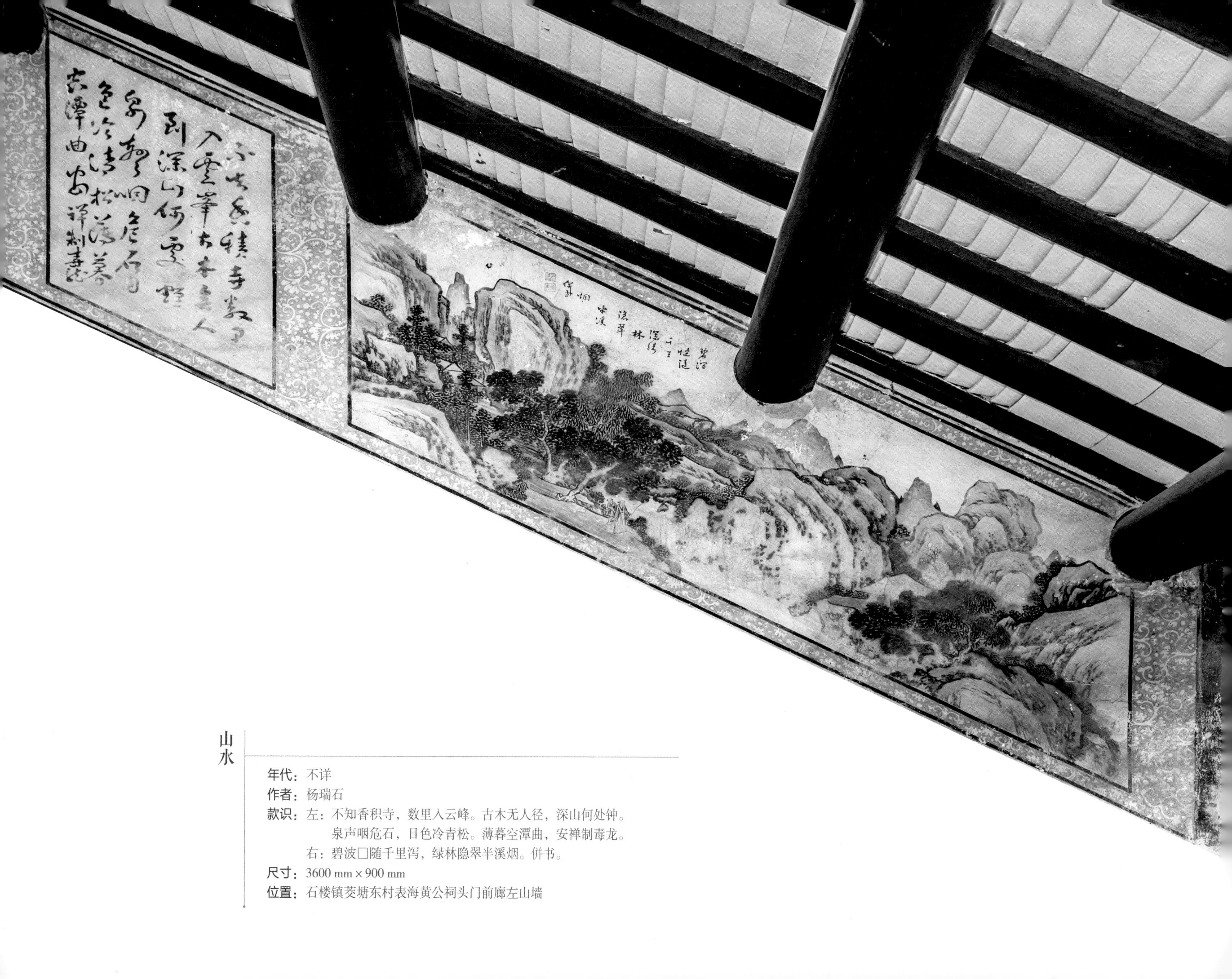

山水

年代：不详

作者：杨瑞石

款识：左：不知香积寺，数里入云峰。古木无人径，深山何处钟。
泉声咽危石，日色冷青松。薄暮空潭曲，安禅制毒龙。
右：碧波□随千里泻，绿林隐翠半溪烟。併书。

尺寸：3600 mm × 900 mm

位置：石楼镇茭塘东村表海黄公祠头门前廊左山墙

夏赏绿荷池
秋饮黄花酒
冬吟白雪诗

人物

年代： 光绪十八年（1892）
作者： 韩翠石
款识： 左：春游芳草地，夏赏绿河池，秋饮黄花酒，冬吟白雪诗。
中：周□旧勇，□于光绪□□壬辰年□□孟冬菊月上浣□□。韩翠石画。
右：春眠不觉晓，处处闻啼鸟。夜来风雨声，花落知多少。
尺寸： 总：4250 mm × 1100 mm　中：2600 mm × 1100 mm
位置： 石楼镇茭塘东村文武庙山门门额上方

白鹅换诗

年代：光绪十八年（1892）

作者：韩翠石

款识：白鹅旨与人相换，书写方知王右军。壬辰菊月上浣画于粉壁之中。韩翠石併书。

尺寸：2650 mm × 1100 mm

位置：石楼镇茭塘东村文武庙山门前廊右壁

三多吉庆

年代：光绪十八年（1892）

作者：韩翠石

款识：公孙耍乐盖无穷，九子连登闹庆丰。有人若得原何故，福寿双全富贵声。韩翠石画。

尺寸：2650 mm × 1100 mm

位置：石楼镇茭塘东村文武庙山门前廊左壁

五桂联芳

年代： 中华民国十九年（1930）

作者： 黎子申

款识： 左：青萝峰黎子申画。

中：时于民国十九年岁次上章敦牂□五月中浣。法唐六如先生笔意以应于粉壁上，青萝峰居士黎子申仿古。

右：□日仿□□先生用笔。黎子申戏墨。

尺寸： 总：4600 mm × 1200 mm　中：2550 mm × 1200 mm

位置： 石楼镇茭塘西村半峰黄公祠头门门额上方

春燕之图

年代： 道光十九年（1839）

作者： 不详

款识： 左：远上寒山石径斜，白云深处有人家。停车坐爱枫林晚，霜叶红于二月花。□□。偶书。

右：春燕之图。道光十九年葭月上浣，一峰□。

尺寸： 2400 mm × 1200 mm

位置： 石楼镇石一村灵蟠庙山门前廊左壁

（上）

四相图

年代：光绪十一年（1885）
作者：张耀南
款识：四相图。时于光绪乙酉菊月。张耀南画。
尺寸：总：4200 mm × 800 mm　中：2400 mm × 800 mm
位置：石碁镇凌边村促志凌公祠头门门额上方

（下）

山水

年代：光绪十一年（1885）
作者：张耀南
款识：云里帝城双凤阙，雨中春树万人家。张耀南画。
尺寸：2700 mm × 800 mm
位置：石碁镇凌边村促志凌公祠头门前廊右壁

（上）
人物

年代：同治十年（1871）
作者：杨瑞石
款识：不详
尺寸：3300 mm × 820 mm
位置：石碁镇官涌村廷吉郭公祠头门前廊左壁

（下）
伏生传经

年代：同治十年（1871）
作者：杨瑞石
款识：伏生传经。时于同治辛未仲冬葭月中浣。杨瑞石画。
尺寸：3300 mm × 820 mm
位置：石碁镇官涌村廷吉郭公祠头门前廊右壁

番禺
古建壁画

七家詩賦

长家诗赋

年代： 中华民国五年（1916）

作者： 黎蒲生

款识： 左：不详。

中：长家诗赋。岁次丙辰季秋下浣之日。青萝峰居士黎蒲生氏戏墨。

右上：五凤二年鲁卅卯年六月四日成，右录鲁孝王石刻铭文。竹露松风蕉雨，茶烟琴韵书声，丙辰秋月青萝峰居士黎蒲生氏画。

右下：秋日仿南田翁笔意以在于粉壁。蒲生氏。

尺寸： 3000 mm × 650 mm

位置： 石碁镇凌边村南约大街二巷16号古民居

报喜图

年代：咸丰四年（1854）

作者：不详

款识：左：不详。

中：罗浮仙子饮流霞，醉卧孤山□□家。几度春风吹不醒，至今颜色似桃花。

右：新秋昨夜入楼台，闭户观书窗懒开。一阵好风何处起，广寒吹送桂香来。偶抄。

尺寸：2150 mm × 780 mm

位置：大龙街茶东村畲菴曹公祠头门前廊右壁

花鸟、人物

年代： 不详

作者： 不详

款识： 左：太白醉酒。

中：十载攻书向学堂，果然富贵出文章。状元榜内诗宝字，牡丹开时万里香。併□。

右：和合二仙。

尺寸： 总：4700 mm × 650 mm　中：2550 mm × 650 mm

位置： 大龙街茶东村桂林劳公祠头门门额上方

（上）

知章访友

年代：中华民国二十四年（1935）
作者：关逸南
款识：知章访友。龙溪山人关逸南偶笔。
尺寸：2020 mm × 500 mm
位置：大龙街茶东村敬修堂头门前廊左壁

（下）

人物

年代：中华民国二十四年（1935）
作者：关逸南
款识：□□□中之意□月。关逸南。偶併。
尺寸：2020 mm × 500 mm
位置：大龙街茶东村敬修堂头门前廊右壁

三多吉庆

年代：光绪十年（1884）
作者：杨瑞石
款识：三多吉庆。甲申仲秋桂月下之日。杨瑞石画。
尺寸：总：4550 mm × 940 mm　中：2900 mm × 940 mm
位置：大龙街大龙村孔尚书祠头门门额上方

英雄会

年代：光绪十年（1884）
作者：杨瑞石
款识：英雄会。杨瑞石画。
尺寸：2300 mm × 940 mm
位置：大龙街大龙村孔尚书祠头门前廊左壁

柑酒听鸟音

年代： 光绪十年（1884）

作者： 杨瑞石

款识： 戴颙携柑带酒至于野，遇客即邀饮以为乐耳。杨瑞石画。

尺寸： 2300 mm × 940 mm

位置： 大龙街大龙村孔尚书祠头门前廊右壁

花鸟

年代： 光绪十年（1884）

作者： 杨瑞石

款识： 左：倦飞本为花远计，饮啄依然择地栖。偶书。杨瑞石画。

右：新秋昨夜入楼台，闭户观书窗懒开。一阵好风何处起，广寒吹送桂香来。

尺寸： 2700 mm × 1150 mm

位置： 大龙街大龙村孔尚书祠头门前廊右山墙

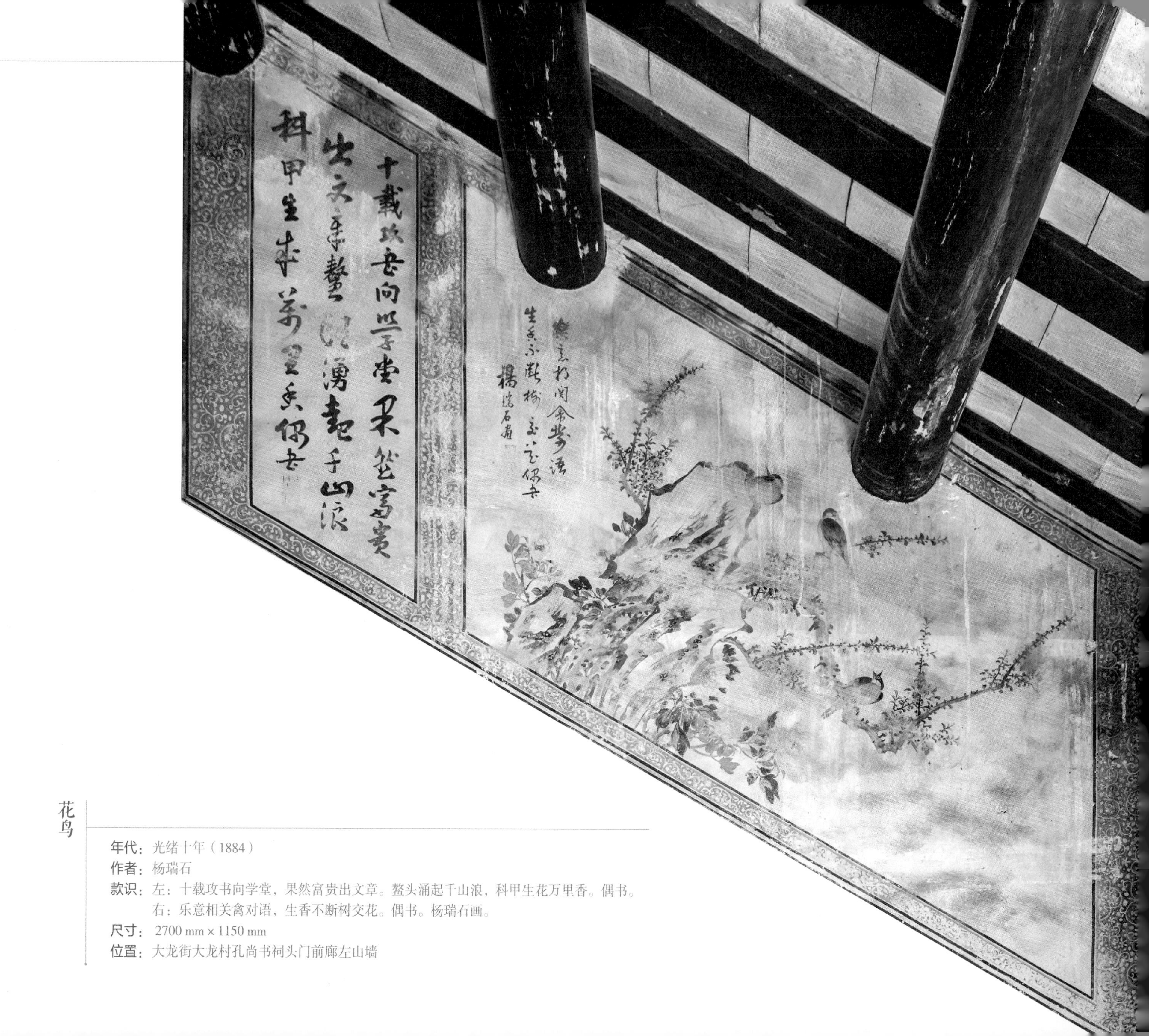

花鸟

年代：光绪十年（1884）

作者：杨瑞石

款识：左：十载攻书向学堂，果然富贵出文章。鳌头涌起千山浪，科甲生花万里香。偶书。

右：乐意相关禽对语，生香不断树交花。偶书。杨瑞石画。

尺寸：2700 mm × 1150 mm

位置：大龙街大龙村孔尚书祠头门前廊左山墙

遠上寒山石徑斜
白雲深處有人家
停車坐愛楓
晚霜葉紅於二
月花 唐詩

教子朝天

年代：光绪十年（1884）
作者：杨瑞石
款识：左：远上寒山石径斜，白云深处有人家。停车坐爱枫林晚，霜叶红于二月花。偶书唐诗。
中：教子朝天。杨瑞石绘。
右：谁家玉笛暗飞声，散入春风满洛城。此夜曲中闻折柳，何人不起故园情。偶书唐诗。
尺寸：总：4740 mm × 800 mm　中：2760 mm × 800 mm
位置：大龙街大龙村孔尚书祠头门后廊门额石上方

番禺
古建壁画

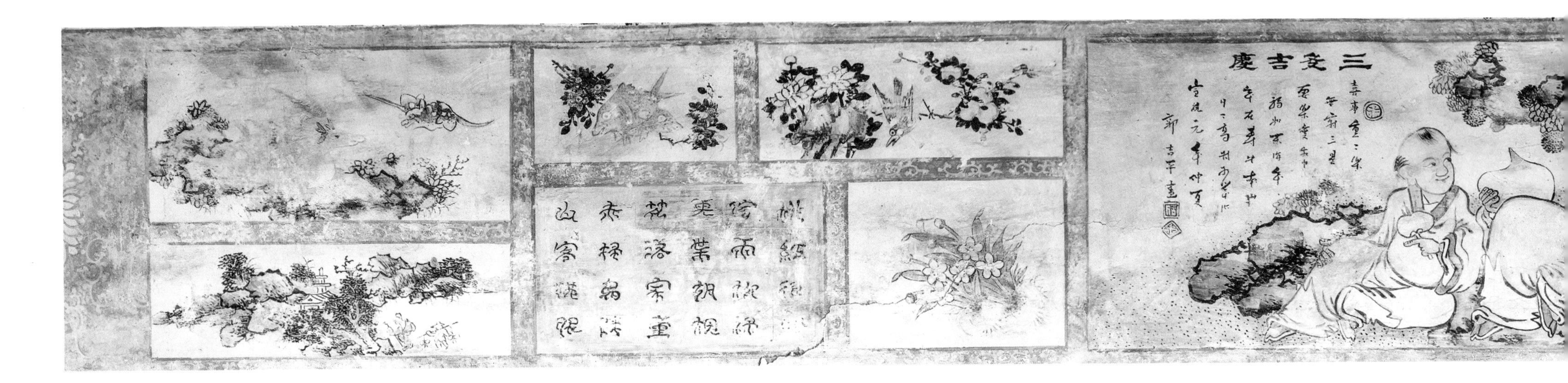
三多吉慶

三多吉慶

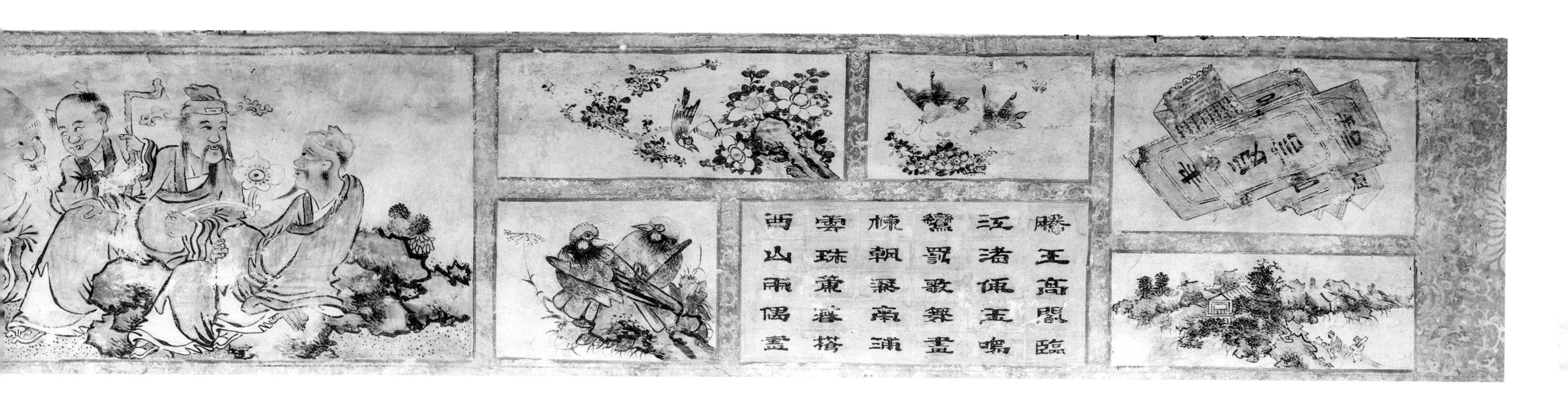

三多吉庆

年代：宣统元年（1909）

作者：郭吉平

款识：左：桃红复含宿雨，柳绿更带朝烟。花落家童未扫，莺啼山客犹眠。

中：三多吉庆。喜事重重乐无穷，三星要乐庆家中。福如东海年年在，寿比南山日日高。时于岁次宣统元年仲夏。郭吉平画。

右：滕王高阁临江渚，佩玉鸣鸾罢歌舞。画栋朝飞南浦云，珠帘暮卷西山雨。偶书。

尺寸：总：5340 mm × 600 mm　中：1830 mm × 600 mm

位置：大龙街大龙村性存谭公祠头门门额上方

十載功書向
學堂果然富
貴在文章鰲
頭湧起千山
洞丹桂飄時
萬里香併書

教子朝天

年代：宣统元年（1909）
作者：不详
款识：左：十载功书向学堂，果然富贵在文章。鳌头涌起千山洞，丹桂飘时万里香。併书。
　　　右：春影桃花隔岸红，夏天荷花满池中。秋来金菊香千里，冬雪寒梅伴老松。偶书。
尺寸：总：5340 mm × 600 mm　中：2800 mm × 600 mm
位置：大龙街大龙村性存谭公祠头门后廊门额石上方

春影桃花隔
岸紙夏天荷
葉滿池中秋
來金菊香千
里冬雪寒梅
伴老楓偶書

番禺
古建壁画

七賢帰

七贤图

年代：中华民国元年（1912）
作者：梁少云
款识：左：一自南来为乐□，□篷柳下且依依。梁少云画。
　　　中：七贤图。时在岁次新汉元年□。梁少云画。
　　　右：四郭青山处处同，客怀无计答秋风。梁少云画。
尺寸：左、右：780mm×1450mm　中：2540mm×800mm
位置：大龙街罗家村潮溪苏公祠头门门额上方

空山秋雨後天氣晚
来秋明月松间照清
泉石上流竹喧歸浣
女蓮動下漁舟隨意
春芳歇王孫自可留

花鸟

年代： 不详

作者： 不详

款识： 左：空山秋雨后，天气晚来秋。明月松间照，清泉石上流。竹喧归浣女，莲动下渔舟。随意春芳歇，王孙自可留。

中：黄鸟啼烟二月朝，若教开即牡丹饶。天嫌青帝恩光盛，留与秋风雪寂寥。

右：北阙休上书，南山归敝庐。不才明主弃，多病故人疏。白发催年，怀愁不寐。松月夜窗虚。老，青阳逼岁除，永。

尺寸： 总：4200mm × 600mm　中：2640 mm × 600mm

位置： 大龙街罗家村龚洁波祖祠头门门额上方

（上）

青泥图

年代：光绪七年（1881）

作者：杨瑞石

款识：青泥图。昔王烈偶游太行山，忽□□□霹雳之声，其山□□有一穴，有□□□□□□裂，拾与稽，击如铜声。杨瑞石偶画。

尺寸：2900 mm × 800 mm

位置：大龙街新桥村周氏宗祠后堂后壁右

（下）

东坡赏荔

年代：光绪七年（1881）

作者：杨瑞石

款识：东坡赏荔。杨瑞石画。

尺寸：2900 mm × 800 mm

位置：大龙街新桥村周氏宗祠后堂后壁左

教子朝天

年代： 光绪七年（1881）

作者： 杨瑞石

款识： 左：飞花浪里几千秋，云锁风波水自浮。万里长江飘玉带，一轮明月滚金球。远观南极三千界，近觅西湖八百州。好景一时观不尽，天缘有份再来游。辛巳冬日偶书。

中：教子朝天。杨瑞石绘。

右：山不在高，有仙则名。水不在深，有龙则灵。斯是陋室，惟吾德馨。苔痕上阶绿，草色入帘青。谈笑有鸿儒，往来无白丁。可以调素琴，阅金经。无丝竹之乱耳，无案牍之劳形。南阳诸葛庐，西蜀子云亭。孔子云：何陋之有？偶书。

尺寸： 总：5540mm × 600 mm　中：3100mm × 600 mm

位置： 大龙街新桥村周氏宗祠头门后廊门额石上方

花鸟

年代：不详

作者：不详

款识：柳疏梅堕少春丛，天遣花神别致功。高处朵稀难避日，动时枝弱易为风。堪将乱蕊添云肆，若得千株便雪宫。不待群芳应有意，等闲桃杏即争红。

尺寸：3240 mm × 800 mm

位置：大龙街傍江东村宏勋古公祠头门后廊左山墙

花鸟

年代：不详

作者：不详

款识：众芳摇落独暄妍，占尽风情向小园。疏影横斜水清浅，暗香浮动月黄昏。霜禽欲下先偷眼，粉蝶如知合断魂。幸有微吟可相狎，不须檀板共金尊。

尺寸：3240 mm × 800 mm

位置：大龙街傍江东村宏勋古公祠头门后廊右山墙

囸近龙颜

年代： 不详

作者： 不详

款识： 左：小隐西亭为客开，翠萝深处遍苍苔。林间扫石安棋局，岩下分泉递酒杯。兰叶露光秋月上，芦花风起夜潮来。云山绕屋犹嫌浅，欲棹渔舟近钓台。

中：囸近龙颜。尽日风云盖素屏，峥嵘头角露神形；静看颇有为霖势，安得僧繇作点睛。

右：水送山迎入富川，一春如画晚晴新。云低远树帆来重，潮落寒沙鸟下频。未必柳间无谢客，也应花里有秦人。严光万古清风在，不敢停□□津□。

尺寸： 总：5200 mm × 620 mm　中：3720 mm × 620 mm

位置： 大龙街傍江东村宏勋古公祠头门后廊右山墙

（上）

知章访道

年代：光绪十一年（1885）
作者：杨瑞石
款识：知章访道。杨瑞石画。
尺寸：3280 mm × 850 mm
位置：大龙街沙涌村南潮江公祠后堂后壁左

（下）

携柑送酒

年代：光绪十一年（1885）
作者：杨瑞石
款识：携柑送酒。杨瑞石画。
尺寸：3280 mm × 850 mm
位置：大龙街沙涌村南潮江公祠后堂后壁右

嵇琴阮啸

年代：光绪十一年（1885）

作者：杨瑞石

款识：左：春□桃花隔岸红，夏日荷叶满池中。秋风丹桂香千里，冬雪寒梅伴老松。□□唐诗。

中：嵇琴阮啸，光绪岁在乙酉秋桂月上浣之日。杨瑞石画。

右：新秋昨夜入楼台，闭户观书窗懒开。一阵好风何处起，广寒吹送桂香来。偶录唐□□□。

尺寸：总：4500mm × 700 mm　中：2450 mm × 700 mm

位置：大龙街沙涌村南潮江公祠一进天井右卷棚廊

山水

年代：光绪十一年（1885）
作者：杨瑞石
款识：□□□里楼，还□几人家。偶书。杨瑞石画。
尺寸：1000 mm × 850 mm
位置：大龙街沙涌村南潮江公祠后堂后壁

山水

年代：光绪十一年（1885）
作者：杨瑞石
款识：远观山有色，近听水无声。偶作。杨瑞石画。
尺寸：1000 mm × 850 mm
位置：大龙街沙涌村南潮江公祠后堂后壁

柑酒听鹂

年代：中华民国二十一年（1932）
作者：韩柱石
款识：柑酒听鹂。岁在民国壬申仲秋中浣，偶□。韩柱石画。
尺寸：1900 mm × 760 mm
位置：南村镇官塘村康公古庙山门前廊右壁

棋中耍乐

年代： 中华民国二十一年（1932）
作者： 韩柱石
款识： 棋中耍乐。岁在民国壬申仲秋中浣。偶书。青萝峰居士韩柱石画。
尺寸： 1900 mm × 760 mm
位置： 南村镇官塘村康公古庙山门前廊左壁

（上）

刘玲醉酒

年代： 中华民国二十一年（1932）
作者： 韩柱石
款识： 刘玲醉酒。民国壬申仲秋。韩柱石画。
尺寸： 1780 mm × 580 mm
位置： 南村镇官塘村康公古庙后殿前廊左壁

（下）

晒腹图

年代： 中华民国二十一年（1932）
作者： 韩柱石
款识： 晒腹图。壬申年仲秋中浣偶书。韩柱石画。
尺寸： 1780 mm × 580 mm
位置： 南村镇官塘村康公古庙后殿前廊右壁

（上）

瑶池醉归

年代： 不详

作者： 不详

款识： 左：□云居士併画。偶书。

中：□到云台上，□□酒□香。山中方一乐，大闹王湖洋。瑶池醉归。

右：千峰随雨暗，一径入云斜。

尺寸： 总：4980 mm × 820 mm　中：2730 mm × 820 mm

位置： 南村镇坑头村子集陈公祠头门门额上方

（下）

太白醉酒

年代： 不详

作者： 不详

款识： 左：江城如画里，山望晴空。两水夹明镜，双桥落彩虹。人烟寒橘柚，秋色老梧桐。谁念北楼上，临风怀谢公。□□集唐人诗句。

中：太白醉酒。李白斗酒诗百篇，皇都市上酒家眠。天子呼来不上船，自称臣是酒中仙。

右：吾有七儿一女，皆同生。婚娶以毕，唯一小者尚未婚耳。过此一婚，便得至彼。今内外孙有十六人，足慰目前，足下情至委曲，故具示。

尺寸： 总：3760 mm × 660 mm　中：2360 mm × 660 mm

位置： 南村镇坑头村子集陈公祠头门后廊门框上方

白鹅换经

年代：不详

作者：杨瑞石

款识：王右军素性□鹅。一日山阴道士□□□□□市井之士□□□□□□□辟相赠。羲之□□而写。写毕笼鹅而归。併书。杨瑞石画。

尺寸：1600 mm × 1100 mm

位置：石壁街屏山二村黄氏大宗祠头门后廊右山墙

（上）

锦上添花

年代：宣统二年（1910）

作者：梁雾珊

款识：锦上添花。时于宣统庚戌年□秋之月，梁□□。

尺寸：总：3660 mm × 750 mm　中：1920 mm × 750 mm

位置：石壁街韦涌村苏氏宗祠中堂前廊左壁

（下）

李白一斗诗百篇

年代：宣统二年（1910）

作者：梁雾珊

款识：李白一斗诗百篇，长安市上酒家眠。天子呼来不上船，自称臣是酒中仙。宣统庚戌年季秋之月。梁雾珊偶题。

尺寸：总：3660 mm × 750 mm　中：1920 mm × 750 mm

位置：石壁街韦涌村苏氏宗祠

（上）

一家诗富

年代：不详
作者：不详
款识：□于乙亥年，併书。
尺寸：2340 mm × 720 mm
位置：钟村镇谢村南塘李公祠后堂后壁左侧

（下）

四相图

年代：不详
作者：不详
款识：□于乙亥年，偶书。
尺寸：2340 mm × 720 mm
位置：钟村镇谢村南塘李公祠后堂后壁右侧

七贤图

年代：咸丰十一年（1861）
作者：何丽生
款识：左：汉文皇帝有高台，此日登临曙色开。三晋云山皆北向，二陵风雨自东来。
中：岁次辛酉仲冬大寒节前三日下浣，肓效古人笔。青萝峰隐士何丽生写。
右：寒雨连江夜入吴，平明送客楚山孤。洛阳亲友如相问，一片冰心在玉壶。
尺寸：总：3450 mm × 820 mm　中：2330 mm × 820 mm
位置：钟村镇谢村培桂家塾头门门额上方

山水

年代：咸丰十一年（1861）
作者：何丽生
款识：仿米芾宫画法。丽生□□写意。
尺寸：900 mm × 950 mm
位置：钟村镇谢村培桂家塾头门前廊左山墙

山水

年代：咸丰十一年（1861）
作者：何丽生
款识：何丽生写意。
尺寸：900 mm × 950 mm
位置：钟村镇谢村培桂家塾头门前廊右山墙

携柑送酒

年代：中华民国十九年（1930）

作者：韩柱石

款识：左：记得石桥□□□，□□□□□□。韩柱石画。

中：携柑送酒。岁在庚午孟春中浣□□，青萝峰居士韩柱石画。

右：远上寒山石径斜。偶书。韩柱石画。

尺寸：总：3700 mm × 940 mm　中：2000 mm × 940 mm

位置：钟村镇谢村延载马公祠头门门额上方

（上）

山水

年代：中华民国十九年（1930）
作者：韩子平
款识：万里长江数页舟。偶书。青萝峰居士韩子平画。
尺寸：1940 mm × 940 mm
位置：钟村镇谢村延载马公祠头门前廊左壁

（下）

山水

年代：中华民国十九年（1930）
作者：韩子平
款识：远山观有色，近听水无声。偶书。民国庚午孟春中浣，青萝峰居士韩子平画。
尺寸：1940 mm × 940 mm
位置：钟村镇谢村延载马公祠头门前廊右壁

花鸟

年代：中华民国十九年（1930）
作者：韩柱石
款识：三月残花落更开，□□日日燕飞来。偶书。青萝峰居士。
尺寸：1870 mm × 1000 mm
位置：钟村镇谢村延载马公祠头门前廊右山墙

花鸟

年代：中华民国十九年（1930）

作者：韩柱石

款识：江南留下种，富贵亦青王。偶书。青萝峰居士。

尺寸：1870 mm × 1000 mm

位置：钟村镇谢村延载马公祠头门前廊左山墙

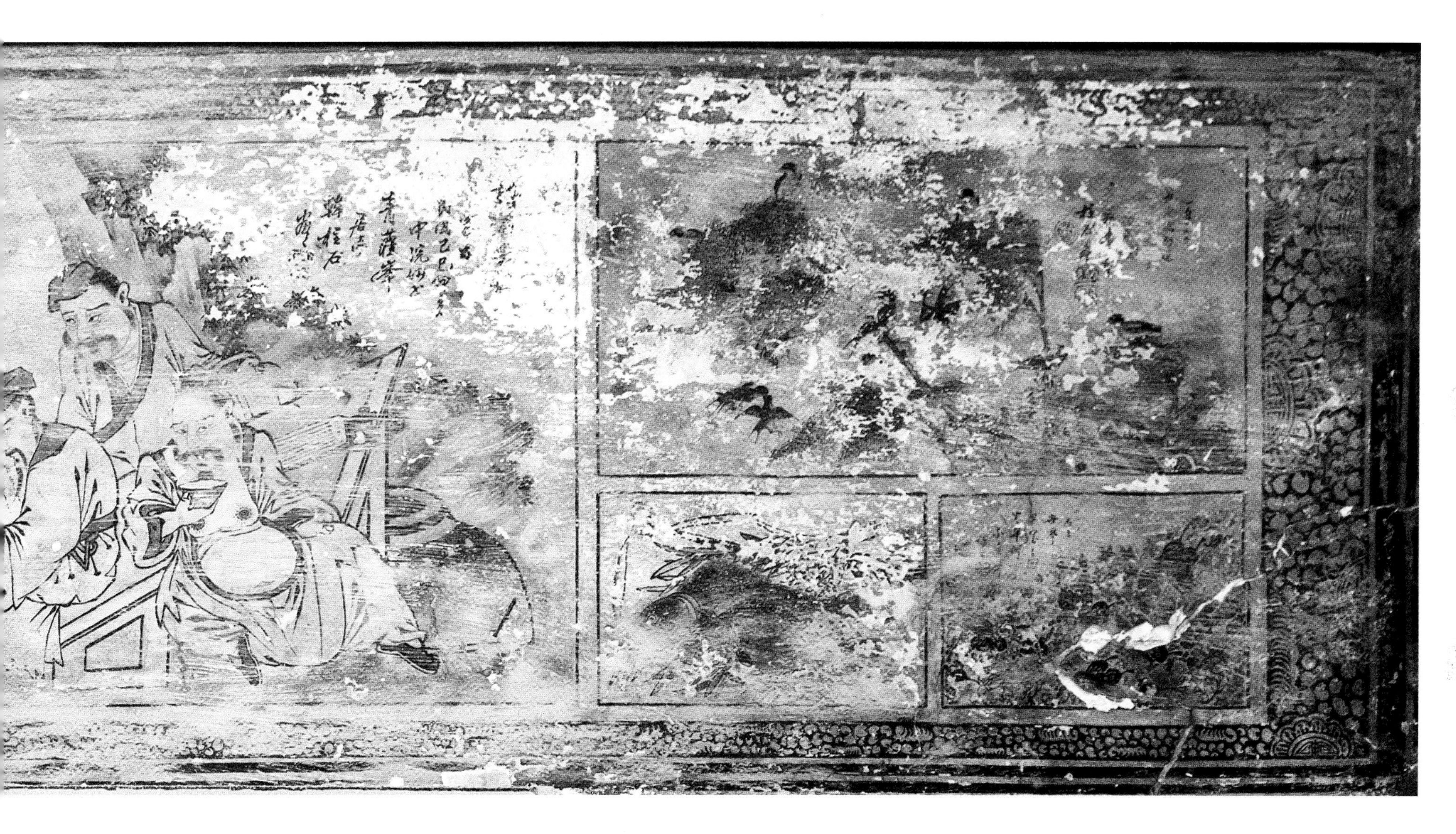

人物、山水、花鸟

年代： 中华民国十八年（1929）
作者： 韩柱石
款识： 左上：万里春江飘玉带。偶书。
左下：松下问童子，言师采药去。只在此山中，云深不知处。偶书。柱石画。
中：时在民国己巳□□中浣，偶书。青萝峰居士韩柱石画。
右：不详。
尺寸： 总：3400 mm × 850 mm　中：1520 mm × 850 mm
位置： 钟村镇谢村祖立李公祠头门门额上方

太原三侠

年代：不详

作者：关梦常

款识：唐太宗字世文，太原人李渊之子也，惟学字字如家法，即与□都三志定国之□□在画□野，刘仇公红拂同谈大事。关梦常绘。

尺寸：1920 mm × 1040 mm

位置：钟村街诜敦村康公主帅庙山门前廊左壁

一气连升

年代：不详
作者：关梦常
款识：黄□人乃葛洪之弟子也。□□仙□敕□之法大行仙□游，人见在罗浮山石下锤炼。
尺寸：1920 mm × 1040 mm
位置：钟村街诜敦村康公主帅庙山门前廊右壁

山水

年代：不详

作者：关梦常

款识：云亦白水亦白，用小人间许多里。以二句之意仿宋南宫之笔，而应粉壁之中而已。关梦常绘。

尺寸：1350mm × 1200 mm

位置：钟村街诜敦村康公主帅庙山门前廊右山墙

山水

年代：不详

作者：关梦常

款识：粉壁之中墨亦浓，三五峰峦石几重。偶句以应香壁之间。关梦常绘。

尺寸：1350mm × 1200 mm

位置：钟村街诜敦村康公主帅庙山门前廊左山墙

金带围

年代：不详

作者：杨瑞石

款识：左1：杨瑞石画。

左2：白日依山尽，黄河入海流。欲穷千里目，更上一层楼。唐诗偶作。

中：金带围。广陵芍药黄腰者号为金带围，应时而生，当出宰相。韩魏公守淮扬，圃内芍药盛开，而□□常王珪为郡守，王安为浣中□太傅。折花捧赏，后四人为首相。杨瑞石。

右2：春眠不觉晓，处处闻啼鸟。夜来风雨声，花落知多少，偶录于唐诗。

右1：杨瑞石画。

尺寸：总：5120 mm × 820 mm　中：3220 mm × 820 mm

位置：小谷围街穗石村应麟黄公祠

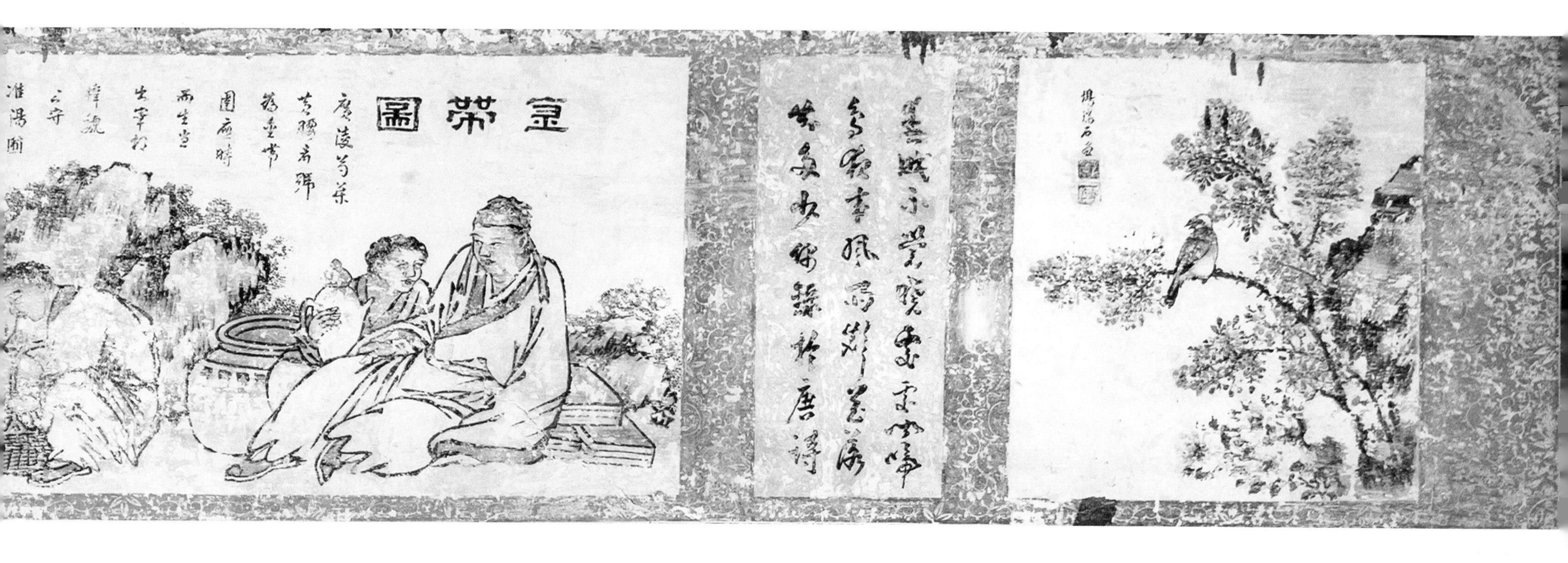

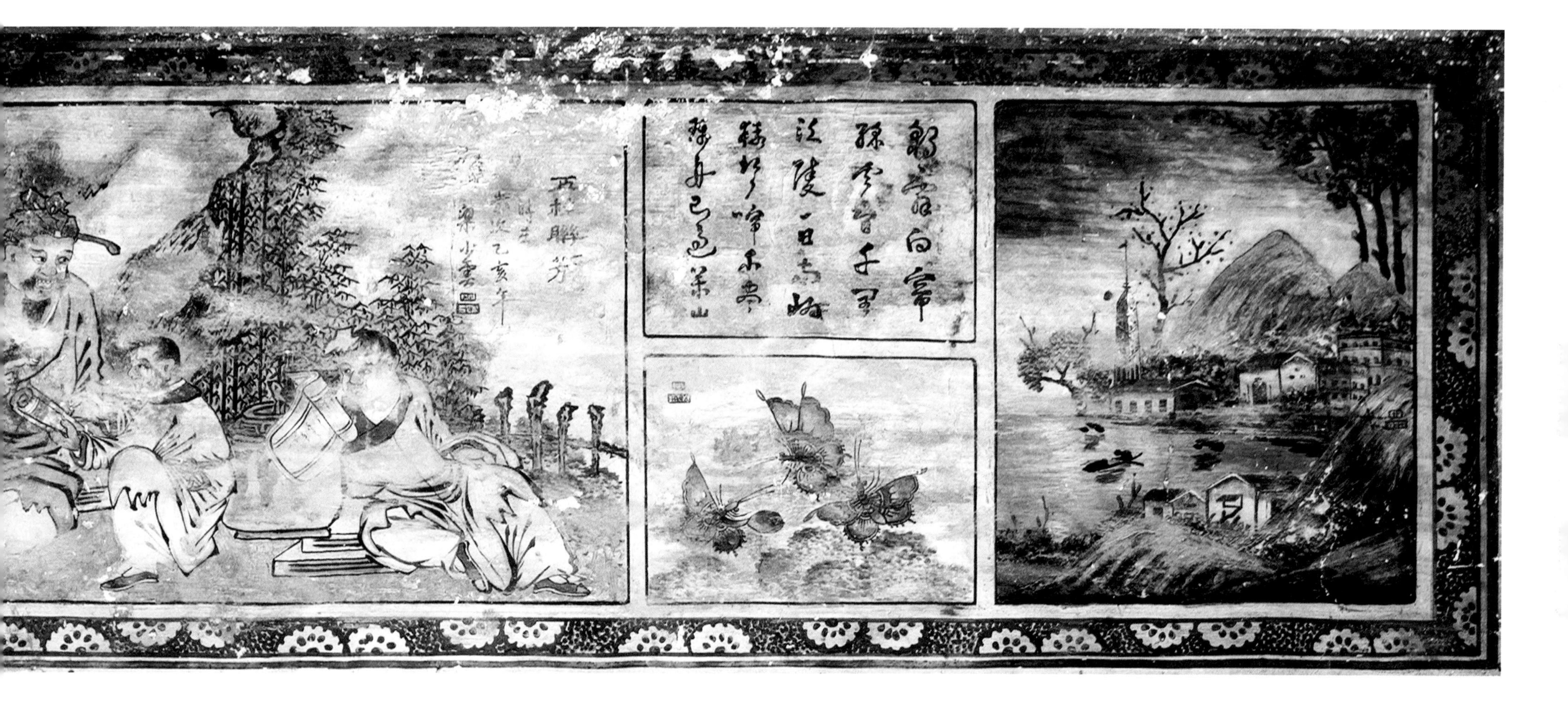

五桂联芳

年代：光绪元年（1875）
作者：梁少云
款识：左：兰陵美酒郁金香，玉碗盛来琥珀光。但使主人□□□□□。
中：五桂联芳。时在岁次乙亥年。梁少云。
右：朝辞白帝彩云间，千里江陵一日还。两岸猿声啼不住，轻舟已过万重山。
尺寸：总：4040 mm × 820 mm　中：2680 mm × 820 mm
位置：沙头街横江村赤泉黄公祠头门门额上方

人物、花鸟

年代：光绪元年（1875）
作者：梁少云
款识：不详
尺寸：1450 mm × 1000 mm
位置：沙头街横江村赤泉黄公祠
头门前廊右山墙

人物、花鸟

年代：光绪元年（1875）
作者：梁少云
款识：一自南来为乐日，扫篷柳下且依依。
尺寸：1450 mm × 1000 mm
位置：沙头街横江村赤泉黄公祠头门前廊左山墙

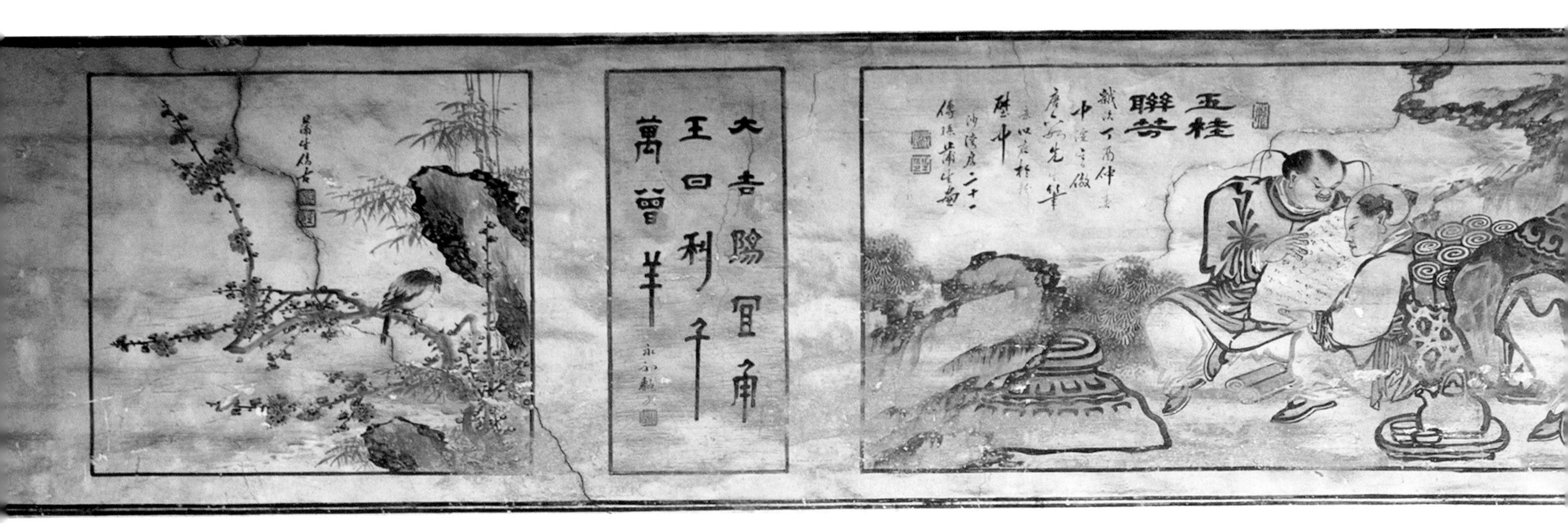
玉桂聯芳

玉桂聯芳

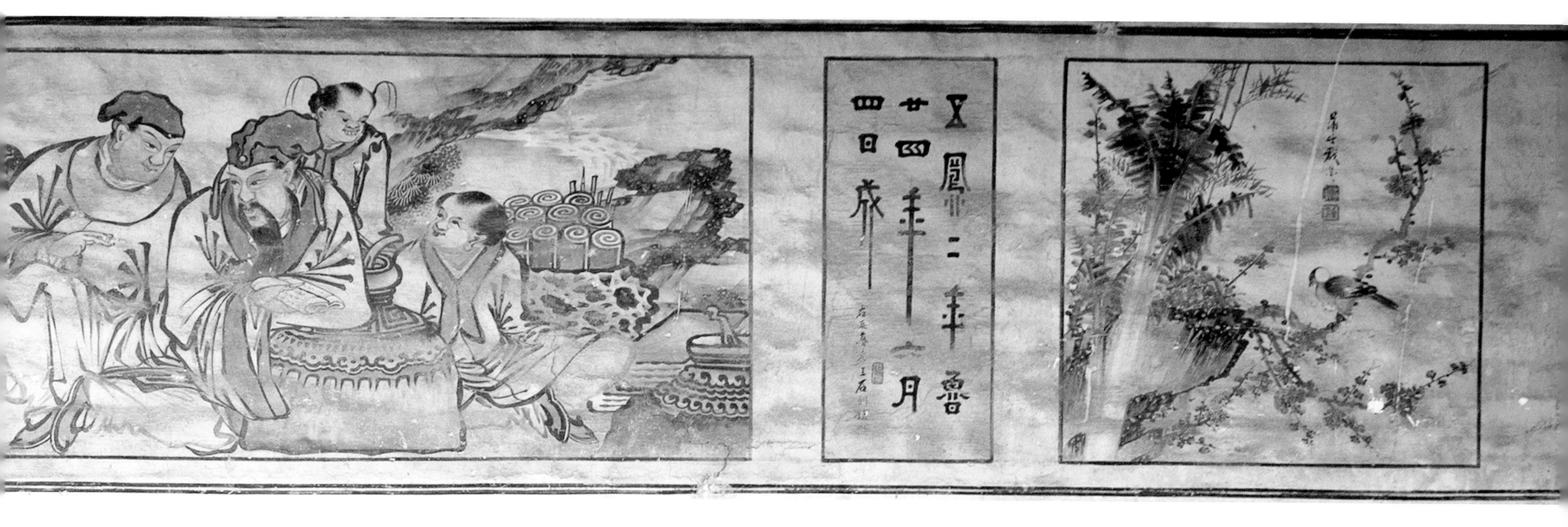

五桂联芳

年代：光绪二十三年（1897）

作者：蒲生

款识：左：大吉阳宜角王曰利子万曾羊。□□□。

中：五桂联芳。岁次丁酉仲春中浣之日。仿唐六如先生笔意以右□粉壁中。沙湾房二十一传孙蒲生画。

右：五凤二年鲁廿四年六月四日成。右□□□王石刻铭。

尺寸：总：5350 mm × 820 mm　中：2580 mm × 820 mm

位置：沙头街横江村永佳黎公祠头门门额上方

（上）

山水、花鸟

年代：同治十三年（1874）
作者：罗倚之
款识：高山流水□□□带得琴来不在归。同治甲戌年罗倚之併画。
尺寸：总：3440 mm × 600 mm　中：2070 mm × 600 mm
位置：沙头街横江村胜惠何公祠头门门额上方

（下）

东波赏琴

年代：同治十三年（1874）
作者：罗倚之
款识：东波赏琴。罗倚之併画。
尺寸：宽：2200 mm　左侧高：650 mm　右侧高：720 mm
位置：沙头街横江村胜惠何公祠头门前廊左壁

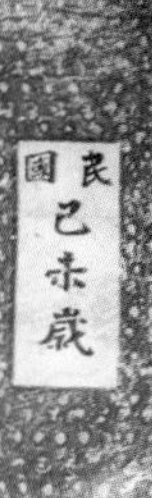

携柑送酒

年代： 中华民国八年（1919）

作者： 韩炽山

款识： 左：远山观有色，近水听无声。

中：携柑送酒。时在民国岁次己未年仲冬上浣□，韩炽山画。

右：远上寒山石径斜，白云深处有人家。

画框：民国己未岁，市桥信记造。

尺寸： 总：4180 mm × 640 mm　中：2620 mm × 640 mm

位置： 沙头街沙头村月堂王公祠头门门额上方

花鸟

年代：中华民国八年（1919）
作者：韩炽山
款识：一自南来归乐园，相逢柳下夕依依。韩炽山画。
尺寸：1400 mm × 980 mm
位置：沙头街沙头村月堂王公祠头门前廊右山墙

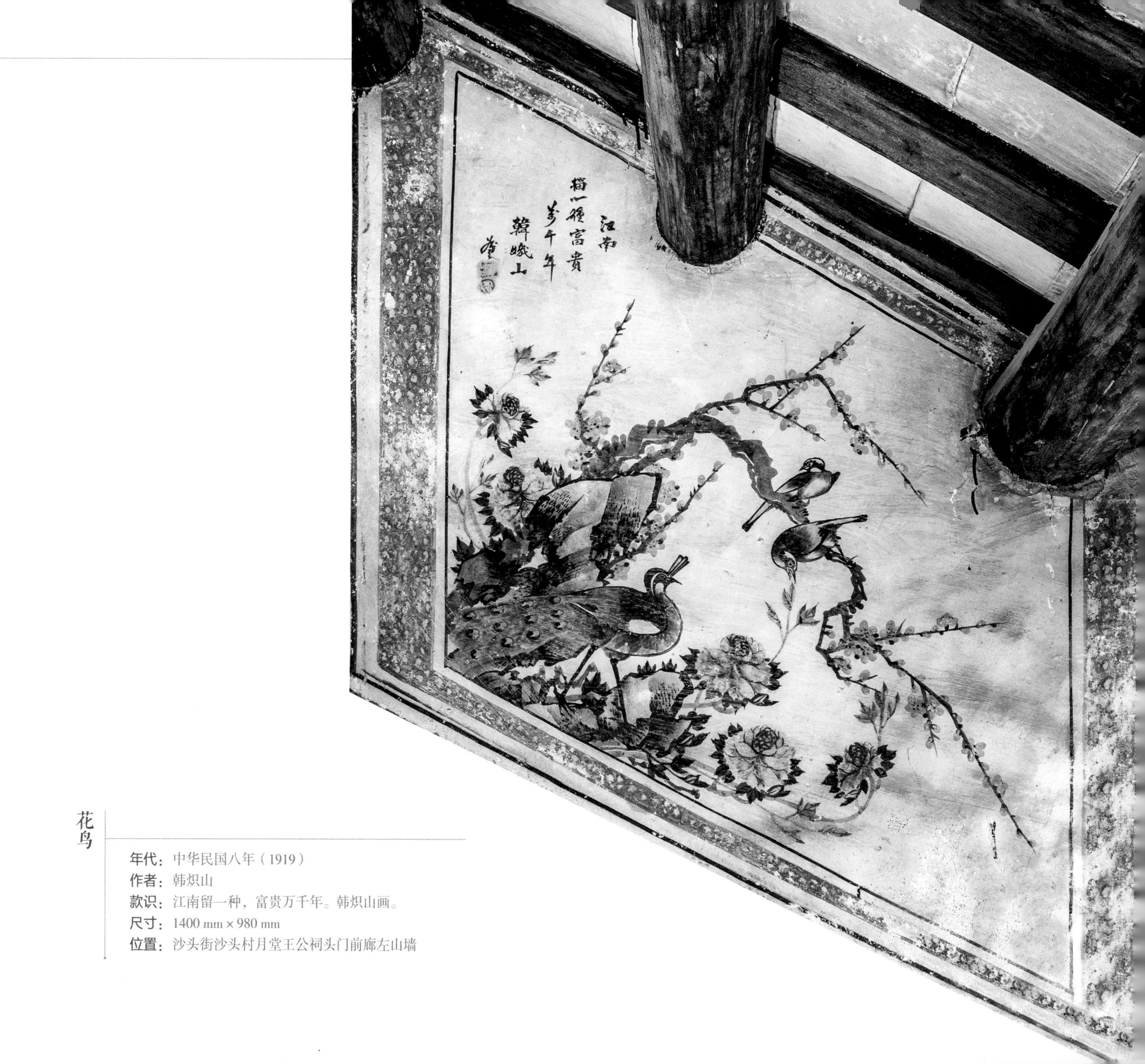

花鸟

年代：中华民国八年（1919）

作者：韩炽山

款识：江南留一种，富贵万千年。韩炽山画。

尺寸：1400 mm × 980 mm

位置：沙头街沙头村月堂王公祠头门前廊左山墙

（上）

南山添寿图

年代：光绪元年（1875）

作者：正风先生

款识：南山添寿图。

尺寸：2780 mm × 950 mm

位置：沙头街沙头居委大富张氏宗祠头门前廊左壁

（下）

人物

年代：光绪元年（1875）

作者：正风先生

款识：黄石以玲珑草与张良食，公曰：后来此子有帝王之师。时在光绪元年首月之下浣四日，丁亥冬月重修。西樵正风先生绘之。

尺寸：2780 mm × 950 mm

位置：沙头街沙头居委大富张氏宗祠头门前廊右壁

（上）

三多图

年代： 同治十年（1871）
作者： 杨瑞石
款识： 画于同治十年岁次辛未孟秋瓜月上浣三日。杨瑞石画。
尺寸： 3000 mm × 1050 mm
位置： 沙头街汀根梁氏大宗祠后堂前廊左山墙

（下）

四相图

年代： 同治十年（1871）
作者： 杨瑞石
款识： 四相图。芍药黄腰者号为金带围，应时而生，当出宰相。韩魏公守淮扬，圃内芍药盛开，四枝而成金带围。王珪为郡守，遂黄安石为浣中，□陈太傅。到明日折花捧赏，后四人皆为首相。杨瑞石画。
尺寸： 3000 mm × 1050 mm
位置： 沙头街汀根梁氏大宗祠后堂前廊右山墙

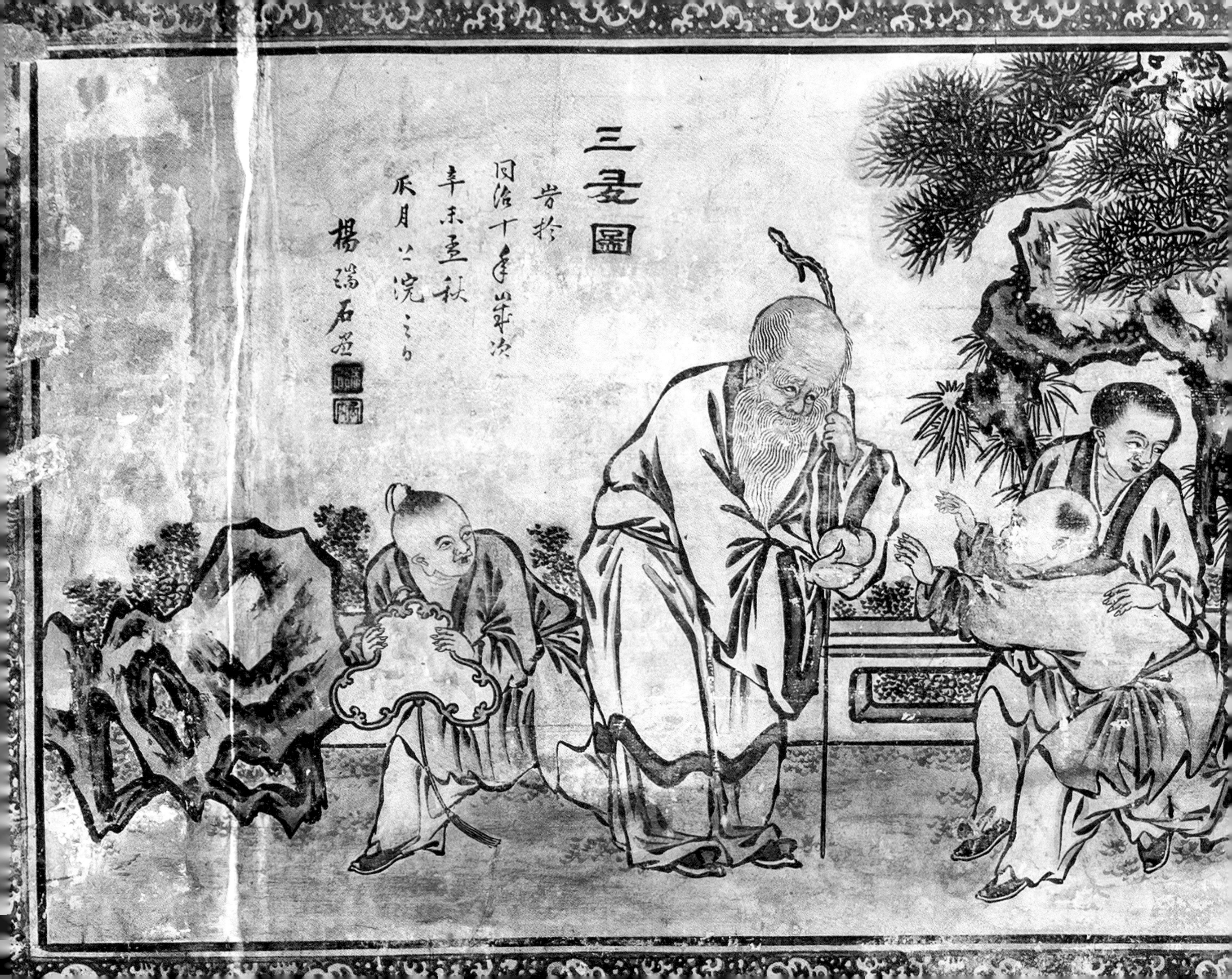
三星圖
旹於
同治十年歲次
辛未孟秋
楊瑞石畫

四相圖
芍藥黃腰者號
為金帶圍應時
而生蓋出宰相
韓魏公守淮揚園
內芍藥發四枝
而出金帶圍王桂
為郎守遂黃安石
為院中邀陳太傅
到明日折花插
賞後四人皆為首相
楊瑞石畫

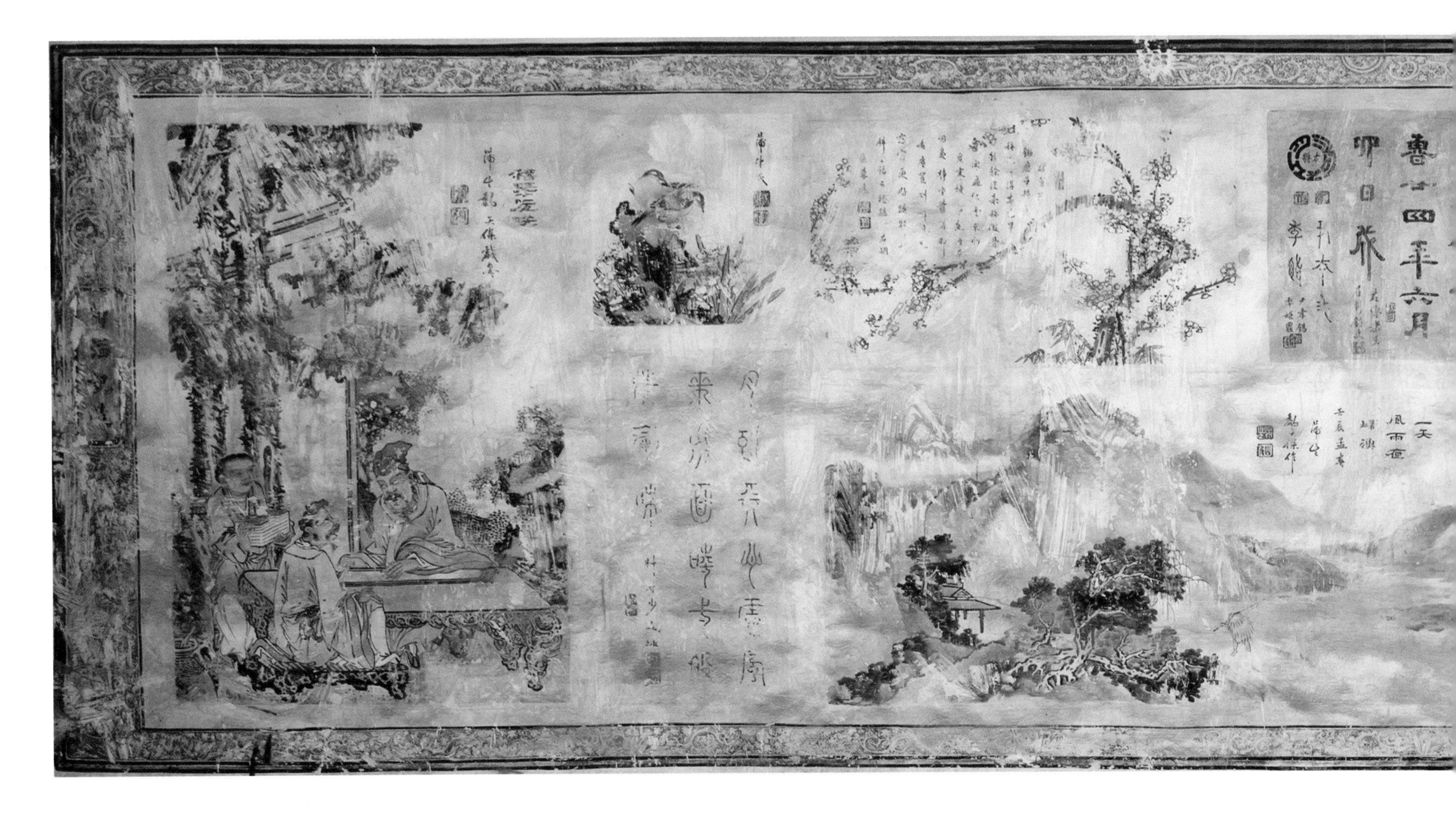

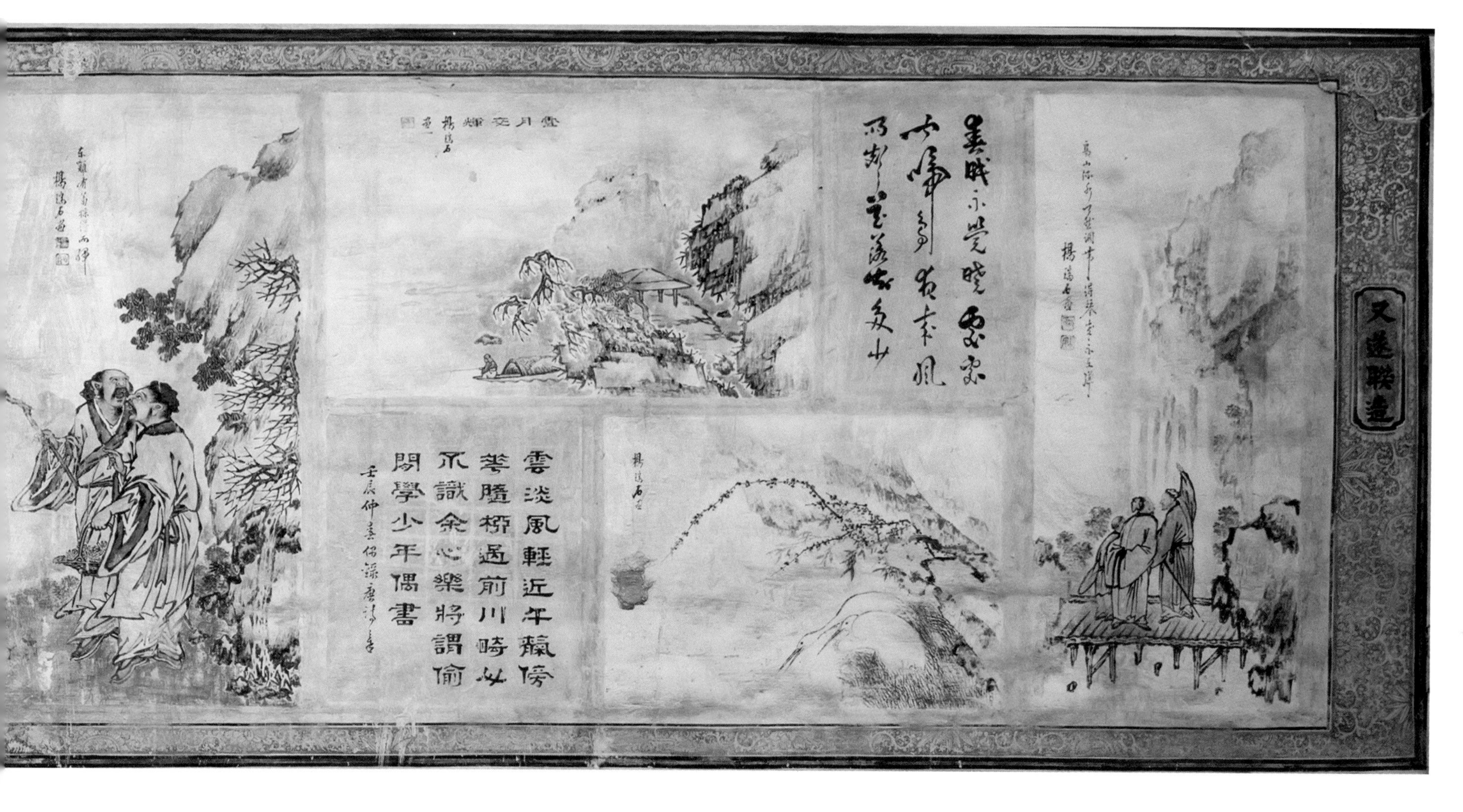

嵇琴阮啸等

年代：光绪十八年（1892）

作者：杨瑞石，黎蒲生

款识：左画框：不详。

左1：嵇琴阮啸。蒲生黎天保戏墨。

左2上：蒲生氏。

左2下：月到天心处，风来水面时；一般清意味，料得少人知。

左3上：不详。

左3下：一天风雨夜萧萧。壬辰孟春。蒲生黎天保作。

左4上：五凤二年鲁廿四年六月四日成。右录孝王石刻铭文。我本二李□。□孝锡，李姬鼎。

右画框：又遂联造。

右1：高山流水天然调，带得琴来不在弹。杨瑞石画。

右2上：春眠不觉晓，处处闻啼鸟。夜来风雨声，花落知多少。

右2下：杨瑞石画。

右3上：雪月交辉。杨瑞石画。

右3下：云淡风轻近午天，傍花随柳过前川。时人不识余心乐，将谓偷闲学少年。偶书，壬辰仲春，偶录唐诗□。

右4：东篱有菊，采得而归。杨瑞石画。

尺寸：4970 mm × 1220 mm

位置：沙湾镇东村北帝祠头门门额上方

寻河源

年代：光绪十八年（1892）
作者：黎蒲生
款识：寻河源。光绪岁次壬辰孟春。蒲生黎天保笔意。
尺寸：2900 mm × 1220 mm
位置：沙湾镇东村北帝祠头门前廊右壁

花鸟、山水

年代：光绪十八年（1892）
作者：杨瑞石
款识：饮啄时时穿漠苑，飞鸣日日□随堤。杨瑞石画。
尺寸：2800 mm × 1400 mm
位置：沙湾镇东村北帝祠头门前廊左山墙

楊瑞石畫
楊瑞石畫

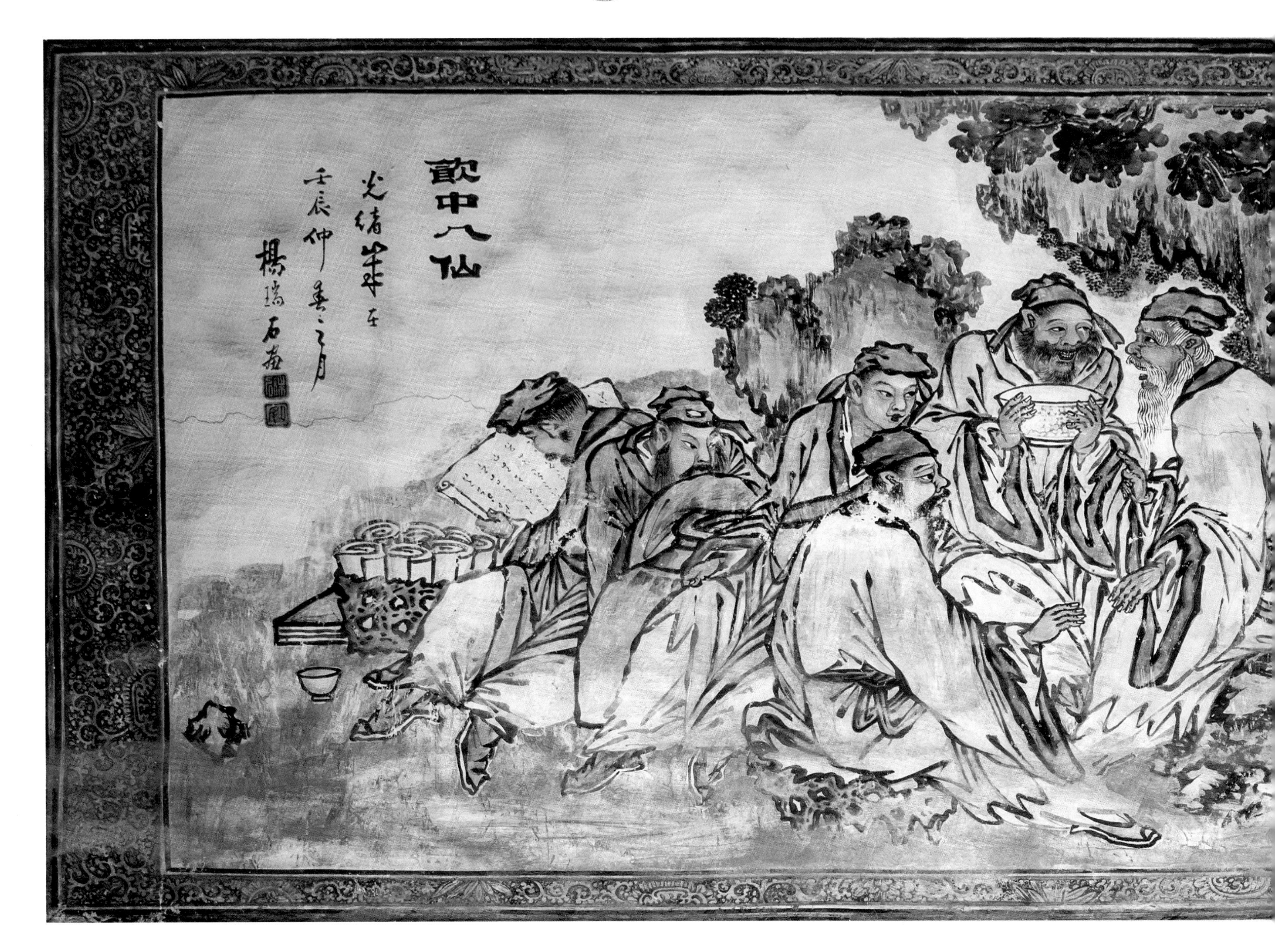

饮中八仙
光绪年在
壬辰仲春二月
杨瑞石画

饮中八仙

年代：光绪十八年（1892）
作者：杨瑞石
款识：饮中八仙。光绪岁在壬辰仲春之月。杨瑞石画。
尺寸：2900 mm × 1220 mm
位置：沙湾镇东村北帝祠头门前廊左壁

四相图

年代： 不详

作者： 不详

款识： 世人之乐莫为文章，为□并，经国之大业，示学□□，不朽之盛事。年寿有时而尽，荣乐止乎其身，未若文章之无穷。併□。四相图。

尺寸： 2340 mm × 1000 mm

位置： 沙湾镇福涌村莫氏宗祠头门前廊左壁

人物

年代：不详
作者：不详
款识：美味可招云外客，□香能引洞外仙。瑶池醉酒山人。併□。
尺寸：2260 mm × 1000 mm
位置：沙湾镇福涌村莫氏宗祠头门前廊右壁

三多吉庆

年代：光绪十七年（1891）
作者：杨瑞石
款识：左：谁家玉笛暗飞声，散入春风满洛城。此夜曲中闻折柳，何人不起故园情。
中：三多吉庆。光绪岁于辛卯初春端月下浣之日。杨瑞石画。
右：春影桃花隔岸红，夏时荷叶满池中。秋风丹桂香千里，冬雪寒梅伴老松。
尺寸：总：3860 mm × 920 mm　中：2420 mm × 920 mm
位置：沙湾镇福涌村黄氏宗祠头门门额上方

观帖图

年代：光绪十七年（1891）

作者：杨瑞石

款识：观帖图。唐李邕示许萧诚书。一日，诚书一古帖，邕以为右军书法。诚曰："余书之，汝不识乎。"以咲耳。杨瑞石画。

尺寸：1930 mm × 920 mm

位置：沙湾镇福涌村黄氏宗祠头门前廊左壁

赏菊图

年代： 光绪十七年（1891）

作者： 杨瑞石

款识： 陶渊明素性爱菊，九月九日静坐于东篱。邵守弘知其故，遣白衣人送酒与之，陶得酒采之，尽饮而归。杨瑞石画。

尺寸： 1930 mm × 920 mm

位置： 沙湾镇福涌村黄氏宗祠头门前廊左壁

南山添壽
光绪丁酉年蒲月

南山添寿

年代： 光绪二十三年（1897）

作者： 梁戊山

款识： 左：亭车坐在风林晚，枫叶□于三月花。

中：南山添寿。时于光绪丁酉年蒲月之中。士居戊山梁瑚偶题。

右：雁塔题名。两岸猿声啼不住，轻舟已过万重山。

尺寸： 总：4160 mm × 1100 mm　中：2040 mm × 1100 mm

位置： 沙湾镇福涌村广游二支队司令部旧址头门门额上方

福自天来

年代：光绪二十三年（1897）

作者：梁戊山

款识：福自天来。在于光绪丁酉年。居士梁戊山。

尺寸：2020 mm × 1000 mm

位置：沙湾镇福涌村广游二支队司令部旧址头门前廊右壁

饮酒看贵花

年代：光绪二十三年（1897）

作者：梁戊山

款识：饮酒看贵花。

尺寸：2020 mm × 1000 mm

位置：沙湾镇福涌村广游二支队司令部旧址头门前廊左壁

松鹤图

年代：光绪二十三年（1897）

作者：梁戊山

款识：千年松柏万年枝，富贵花屏衬禄时。鸟在花□彩禄枝，风来花气吉祥枝。居士偶题。

尺寸：2400 mm × 1200 mm

位置：沙湾镇福涌村广游二支队司令部旧址头门前廊右山墙

花鸟

年代： 光绪二十三年（1897）

作者： 梁戊山

款识： 桃柳三春岁岁开，红花此衬春花来。□柳清全会鸟来双双对凿。居士字梁偶题。

尺寸： 2400 mm × 1200 mm

位置： 沙湾镇福涌村广游二支队司令部旧址头门前廊左山墙

叱石成羊

夜宴桃李图

年代： 光绪二十二年（1896）

作者： 老粹溪

款识： 夜宴桃李图。□□光绪岁次丙申腊月大雪节前日。仿唐六如先生笔法以应粉壁之处。里人□□老粹溪画□。

尺寸： 总：5260 mm × 900 mm　中：3380 mm × 900 mm

位置： 沙湾镇三善村神农古庙山门门额上方

（上）

叱石成羊

年代： 咸丰六年（1856）

作者： 不详

款识： 叱石成羊。黄初平年十五，家使牧羊。一日□道士引入金华山。□□以述，其兄初起不见弟数年。偶遇一道人，□金华山有□□□□□，引见之。即登山而视，但见白石数堆，兄问羊何之□，曰在此。初平叱之，此石尽化为羊。兄舞掌□□。咸丰六年七月秋日。鳌峰太原□月家□□。

尺寸： 2720 mm × 1100 mm

位置： 沙湾镇龙岐村曾氏十世司马祠头门前廊左壁

（下）

刘洞微画龙

年代： 咸丰六年（1856）

作者： 不详

款识： 不详

尺寸： 2720 mm × 1100 mm

位置： 沙湾镇龙岐村曾氏十世司马祠头门前廊右壁

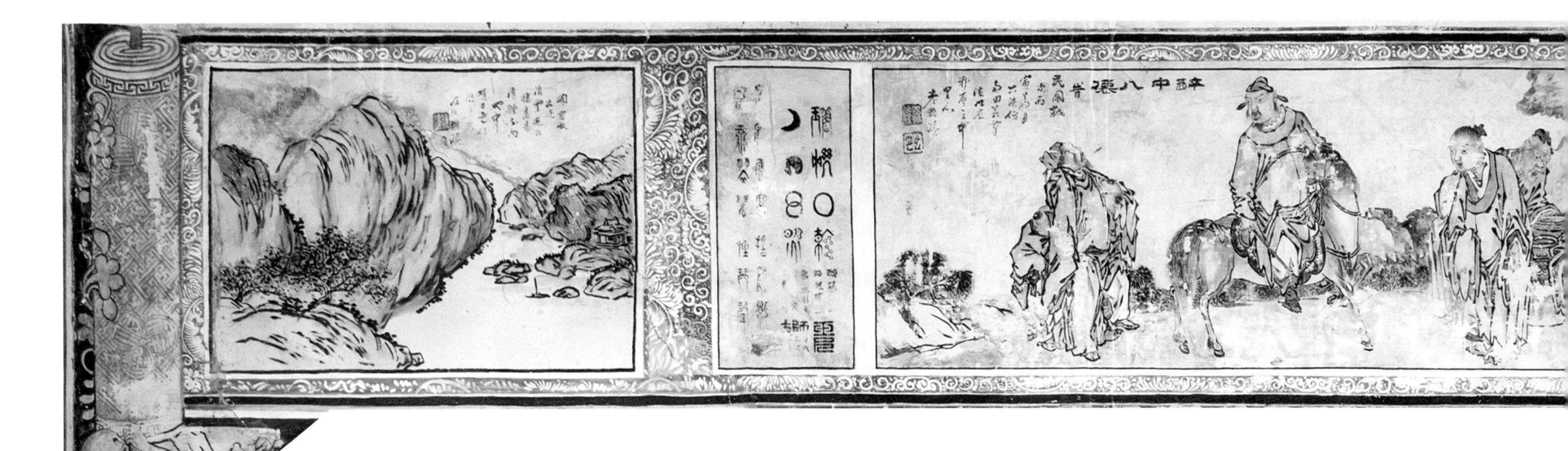
醉中八仙背

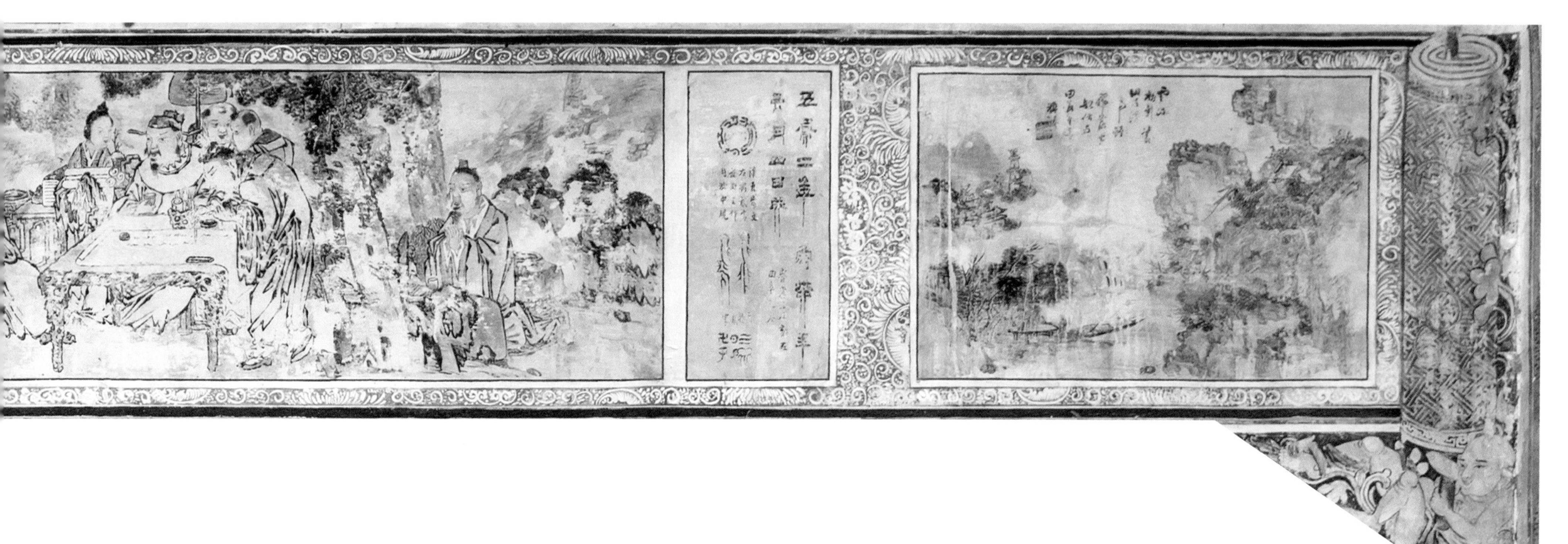

醉中八仙

年代：中华民国十五年（1926）
作者：老粹溪
款识：中：醉中八仙。□□民国岁次丙寅菊月下浣仿南田□笔法以应于粉壁之中。里人老粹溪。
中右：五凤二年□□年六月四日成。
尺寸：总：4460 mm × 600 mm　中：2890 mm × 600 mm
位置：沙湾镇三善村先师古庙山门门额上方

花鸟

年代： 不详

作者： 黎仲文

款识： 左：黎仲文写意，古柏生来万载青，红梅□契岁岁春。牡丹水□语富贵，□□□□□□□。岁次丙寅重阳之日□涂于粉壁。

中：□□□□□□□，舟□□大□□□仲文氏。

右：鸟鸣。仲文。

尺寸： 2480 mm × 1530 mm

位置： 沙湾镇三善村先师古庙山门后廊右山墙

花鸟

年代：不详
作者：黎仲文
款识：丙寅年，仲文画。
尺寸：2480 mm × 1530 mm
位置：沙湾镇三善村先师古庙山门后廊右山墙

耕读图

年代：同治元年（1862）
作者：不详
款识：耕读图。
尺寸：3120mm × 780 mm
位置：沙湾镇三善村鳌山古庙山门门额上方

（上）瑶池宴乐

年代：同治元年（1862）
作者：不详
款识：瑶池宴乐。时于同治壬戌偶作。鳌山如轩以博云尔。
尺寸：3080 mm × 1000 mm
位置：沙湾镇三善村鳌山古庙山门前廊左壁

（下）竹林七贤

年代：同治元年（1862）
作者：不详
款识：竹林七贤。鳌山如轩偶作，以博云尔。併画。
尺寸：3080 mm × 1000 mm
位置：沙湾镇三善村鳌山古庙山门前廊右壁

瑶池宴樂

山水

年代：同治元年（1862）

作者：不详

款识：远上寒山石径斜，白云深处有人家。鳌峰西河子如轩偶作，併画。

尺寸：2050mm × 1300 mm

位置：沙湾镇三善村鳌山古庙山门前廊右山墙

山水

年代：同治元年（1862）

作者：不详

款识：鳌峰西河子如轩偶作以博云尔，併画。

尺寸：2050mm × 1300 mm

位置：沙湾镇三善村鳌山古庙山门前廊左山墙

花鸟

年代：宣统三年（1911）
作者：杨瑞石
款识：饮啄时时穿漠苑，飞鸣日日□随堤。杨瑞石画。
尺寸：2600mm × 1300 mm
位置：沙湾镇三善村梁氏宗祠头门前廊右山墙

花鸟

年代：宣统三年（1911）
作者：杨瑞石
款识：倦飞本为知还计，饮啄依然择地栖。偶书。杨瑞石。
尺寸：2600mm × 1300 mm
位置：沙湾镇三善村梁氏宗祠头门前廊左山墙

柑酒听黄鹂

年代： 宣统三年（1911）

作者： 杨瑞石

款识： 柑酒听黄鹂。戴颙携柑带酒至于野，遇□客即邀饮，以为乐耳。

尺寸： 2800mm × 1550 mm

位置： 沙湾镇三善村梁氏宗祠后堂前廊右山墙

金带围

年代： 宣统三年（1911）

作者： 杨瑞石

款识： 金带围。□□□□□□者，□为□□□□□。韩魏公守淮扬，□□□□盛开四枝，□□□□。王珪为郡□，□安石为浣中□□太傅，□明日折花捧赏，后四人皆为首相。杨瑞石画。

尺寸： 2800mm × 1550 mm

位置： 沙湾镇三善村梁氏宗祠后堂前廊左山墙

五桂聯芳

五桂联芳

年代： 宣统二年（1910）

作者： 黎蒲生

款识： 五桂联芳。宣统二年岁次庚戌六月中浣之日。仿唐六如先生笔意以应于粉壁。黎蒲生戏墨。

尺寸： 总：5000 mm × 900 mm　中：3450 mm × 900 mm

位置： 沙湾镇西村南川何公祠头门门额上方

花鸟

年代：宣统二年（1910）
作者：黎蒲生
款识：飞来黄鸟是鹪鹩，多向木棉花里侨。落絮啄线巢可作，高栖不畏雨风飘。黎蒲生画。
尺寸：2600 mm × 950 mm
位置：沙湾镇西村南川何公祠头门前廊右山墙

（上）

天孙乞巧

年代：宣统二年（1910）

作者：黎蒲生

款识：天孙乞巧。黎蒲生氏仿古。

尺寸：2650 mm × 1100 mm

位置：沙湾镇西村南川何公祠头门前廊左壁

（下）

风尘三侠

年代：宣统二年（1910）

作者：黎蒲生

款识：风尘三侠。黎蒲生氏志。

尺寸：2650 mm × 1100 mm

位置：沙湾镇西村南川何公祠头门前廊右壁

中華民國十五年蒲月 拜題

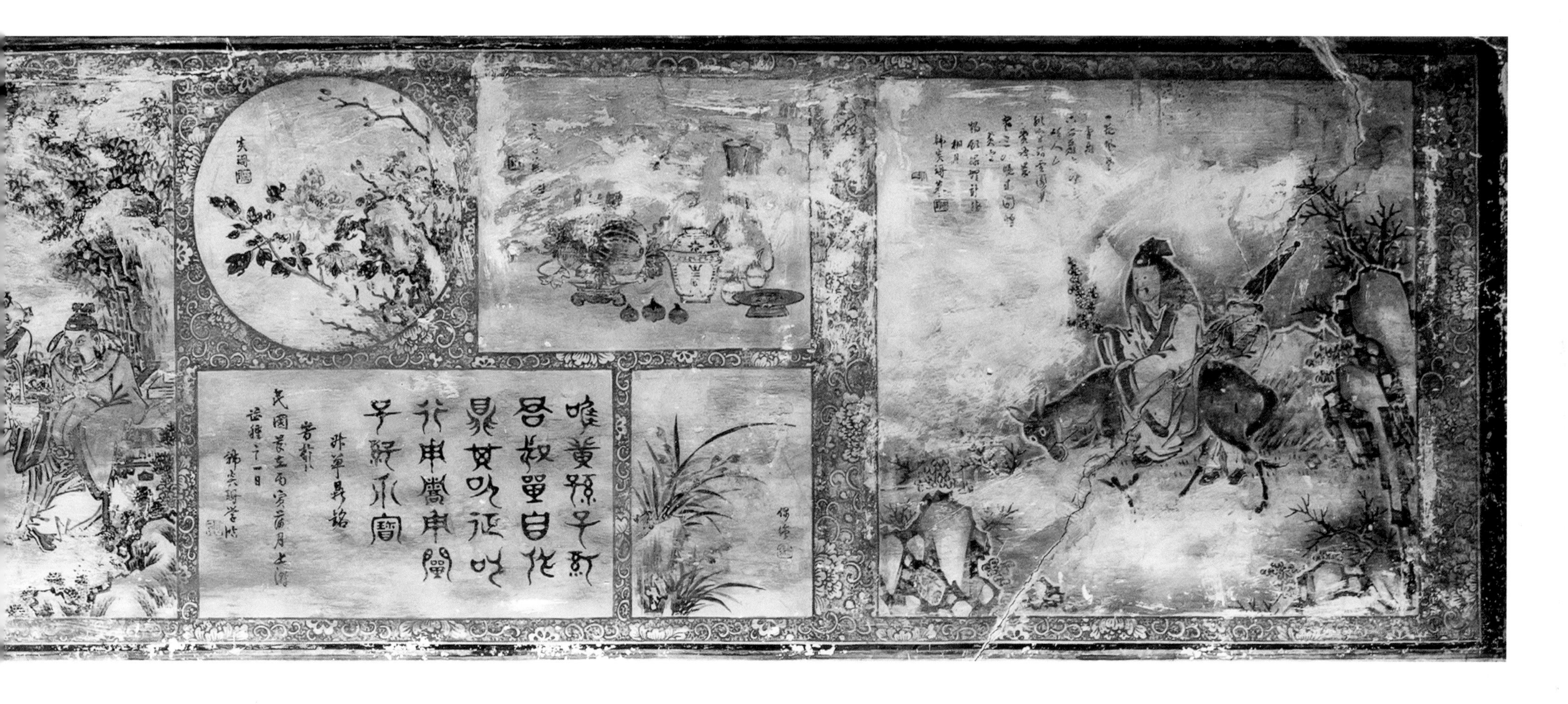

人物、花鸟、山水

年代： 中华民国十五年（1926）

作者： 不详

款识： 左1：不详。

左2上：不详。

左2下：中华民国十五年蒲月拜题。

左3：李白斗酒诗百篇，长安市上酒家眠。天子呼来不上船，自称臣是酒中仙。南阳□□□。

左4：唯黄孙子系君叔单自作鼎，其□征□□申□申□，子孙永宝。□单鼎铭。民国岁在丙寅蒲月上浣□种之一日。□□□学帖。

左5：不详。

尺寸： 4640mm × 900 mm

位置： 沙湾镇紫坭村北城侯庙山门门额上方